“育儿周周记”既是“育儿周周看”手机报的发展，也融入了上海市早教指导服务中心的研究课题“面向 0~3 岁婴幼儿家长的科学育儿指导探索与实践”（获首届国家级基础教育教学成果一等奖）成果。

本书在内容方面有这样几个特点：养教并重，凸显养育；理念先进，操作性强；周龄细分，内容精准，以帮助年轻家长们读懂宝宝、理解宝宝的需要。本书形式也有较多创新：鼓励互动，支持记录；图文为主，简明扼要；对步骤性较强的养育活动，还拓展提供视频资源，促使父母们能起而行之，练习、掌握与宝宝高质量互动的技巧。

衷心希望这本深入浅出、化专业于日常的书能够常伴父母们的育儿生活：一册在手、专家随行、智慧育儿。

茅红美（本书主编）

上海市早期教育
指导服务中心主任，
正高级教师，特级教师

忻　怡（本书主编）

上海市早期教育
指导服务中心副主任，
国家二级心理咨询师

作为一位专业教师，同时也是一位从 1995 年开始为自己孩子记录成长的手帐爱好者，我希望这本定位于“专业指导”的育儿书籍能够同时具有手账的特质：它有颜值，能给人带来温暖并以一种仪式化的方式凝固一段无法重来的时光；它有空间，能让读者以自己的习惯记录下一个独立生命的成长过程；它有观点，能反映出科学的儿童养育观；它有指导，能帮助新手父母客观且仔细地参照、思考宝宝成长的重要信息。

我是一位工作了 11 年的早教指导师，也是一位 80 后母亲。在初为人母时，体会到陪读、陪说、陪玩这些基本的陪伴技能，在生活中的实践并不那么容易。这让我思考：如何有效运用我们的专业力量去帮助其他的年轻父母？这本书里配有大量活动视频，父母们可以学到如何与宝宝对话、如何与宝宝游戏。这样直观的模仿学习，一定可以帮助家长轻松掌握陪伴技能，实现与宝宝高质量的互动。

王　岫（本书副主编）

上海市早期教育
指导服务中心保教主任，
资深早教指导师

曹丽娟

原上海市黄浦区
妇幼保健院
儿保科主任医师

家庭中的科学养育，需要尊重儿童发育规律，顺应儿童发展需要。“育儿周周记”从“育儿周周看”手机报发展而来，经过多名教育、心理、医学一线工作者及专家的编制与审校，也历经多版修订更新，是一本能够体现“医教结合”成果，可以给年轻父母安全感的育儿指导书籍。伴随宝宝不同周龄出现的生长发育、喂养、起居照顾、发展促进等多方面的大部分问题，在这本书里都可以找到答案。

编写团队

顾　问　颜慧芬

主　编　茅红美　忻　怡

副主编　王　岫　陈群波

主　审　何幼华　江　帆　王振宇

监　制　瞿佳杰　王　燕

专家委员会

何幼华　华爱华　黄　琼　江　帆　钱　文　瞿佳杰
王　菁　王振宇　颜慧芬　章依文　周念丽

编写人员

陈　静　陈群波　崔希娟　金荣慧　林　懿　茅红美
钱亚楠　王　岫　汪志超　忻　怡　张　敏

手写文字供稿

邓琳琳　金　璟　孔　灿

使用说明

设计意图

- 以周为单位，通过插图和关键词的方式呈现每一周宝宝成长发育的典型表现。养育者可根据观察到的表现在圆圈内进行勾选。

使用注意

- 每个宝宝的成长速度不同，即使有些表现没有在本周观察到，也不用太在意，可以在此页插上一枚“请你等等我”书签，待后续观察到，再返回这页完成勾选。
- 可以在当前周的页面插上一枚“今日记录”书签作为翻阅提示。

搭配使用

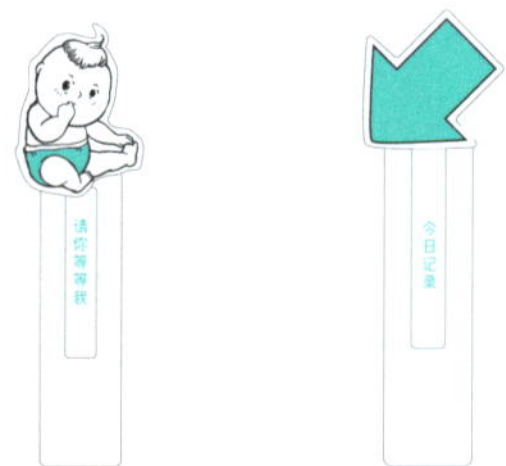

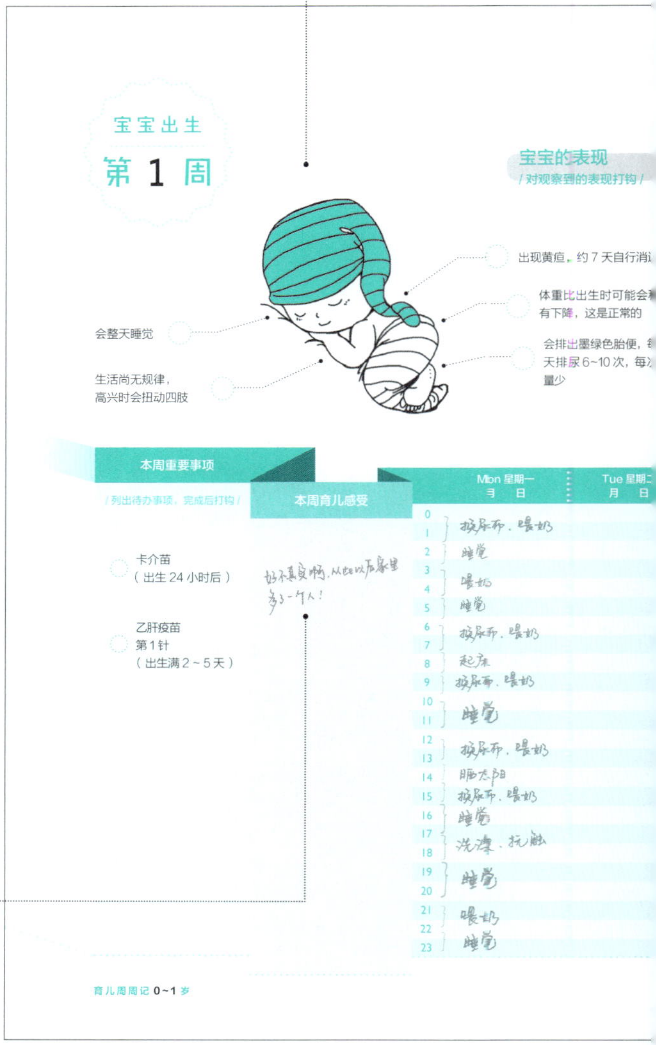

设计意图

- 在记录栏中已经提供了一些其他新手父母的育儿记录，可将其作为借鉴，参考记录的内容和形式。

使用注意

- 第 1 ～ 26 周的记录栏分为 24 行，方便分时段书写宝宝的具体作息时间。

设计意图

- 以关键句的方式呈现每一周的家庭养育关注点，涉及对宝宝的生活照料与游戏互动，并提供具有指导性的支持策略。养育者可在已实施的项目上进行勾选。

使用注意

- 养育关注点一般不会重复出现，但这并不意味着某项内容只能在当前周予以关注和开展，养育者可以在数周内持续。

第一月

养育关注点

/ 列出待办事项，完成后打钩 /

/ 补充 /

- 坚持母乳喂养，每天吮吸母乳（不少于 8 次）可促进乳分泌，注意科学哺喂让哺乳成为一件愉快的事。
- 让宝宝享受第一次洗澡，注意时间合理，控好水温，妈妈可以和宝宝讲一讲关于洗澡的过程，观察宝宝的反应。
- 卡介苗（出生 24 小时后）。
- 乙肝疫苗第 1 针（出生满 2~5 天）。
- 为宝宝营造舒适的环境，按需照料，控制温湿度，定时通风打扫。

Wed 星期三 月 日	Thu 星期四 月 日	Fri 星期五 月 日	Sat 星期六 月 日	Sun 星期日 月 日

宝宝出生 第 1 周　028 / 029

设计意图

- 页面切口处标有月龄，方便养育者迅速检索与定位至书中具体位置。

使用注意

- 可以搭配使用“月龄标签”贴纸，将标签粘贴在此处，更方便月龄检索。

搭配使用

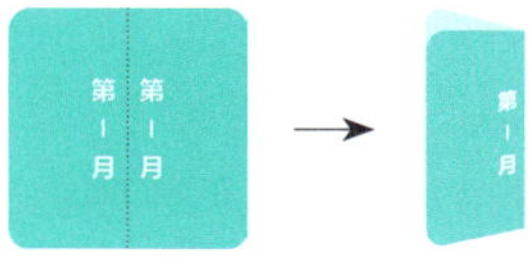

设计意图

- 可对本周的养育关注点进行补充，填写与自己宝宝有关的养育要点。

使用注意

- 内容的补充既可用于提醒记录者自己，也可用于提示其他的养育者。

设计意图

- 以周历形式呈现空白记录栏，养育者可填上具体日期，在相应日期下进行记录。
- 记录可以由主要养育者（如妈妈）书写，也可以由多位养育者一起轮流或合作完成。

使用注意

- 可以记录宝宝饮食、睡眠等生活作息的时间与内容。
- 可以记录养育者在育儿过程中的感受和心情。
- 可以记录宝宝的重要事件。
- 可以书写计划或做事件提示。

设计意图

- 具体介绍适合本周宝宝的生活照料内容，提供具有指导性的操作建议。

使用注意

- 此内容并不仅限于当前周，可视情况反复实施。
- 可以配合“重点关注”书签使用，对主要养育者和其他养育者进行提示。
- 可以在文字旁的空白处针对此项内容书写补充或批注。

搭配使用

设计意图

- 具体介绍适合本周宝宝的亲子游戏内容，提供具有指导性的操作建议。

使用注意

- 此内容并不仅限于当前周，可视情况反复进行。
- 可以配合“重点关注”书签使用，对宝宝喜欢的某项游戏进行标记，方便迅速检索定位。
- 可以在文字旁的空白处针对此项内容书写补充或批注。

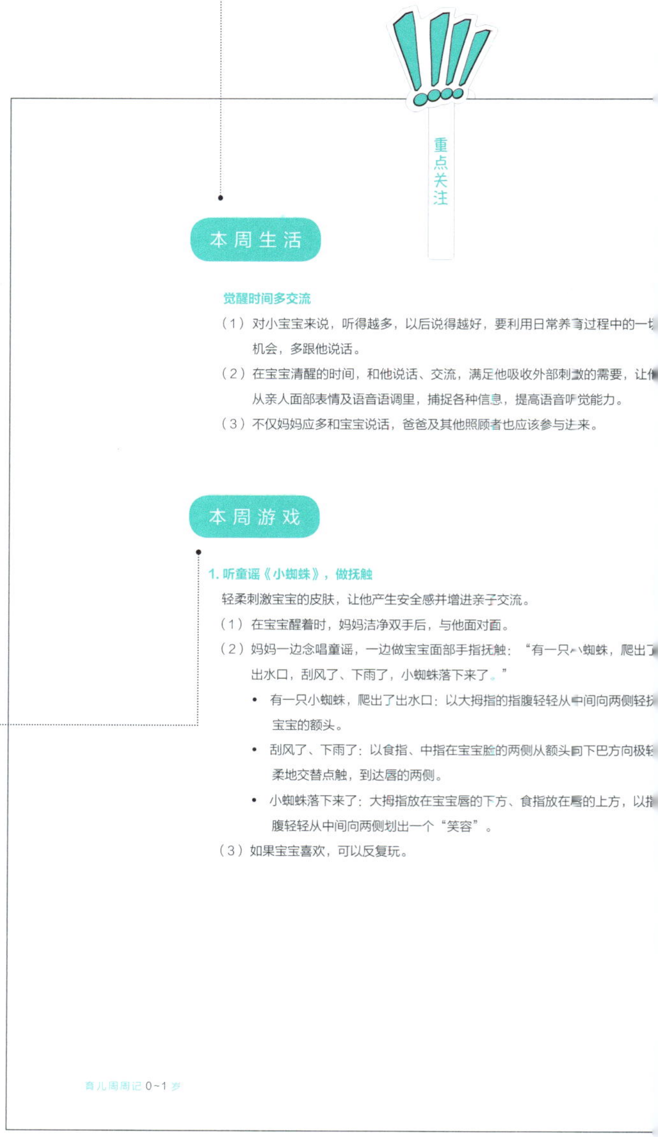
重点关注

本周生活

觉醒时间多交流

（1）对小宝宝来说，听得越多，以后说得越好，要利用日常养育过程中的一切
机会，多跟他说话。

（2）在宝宝清醒的时间，和他说话、交流，满足他吸收外部刺激的需要，让他
从亲人面部表情及语音语调里，捕捉各种信息，提高语音听觉能力。

（3）不仅妈妈应多和宝宝说话，爸爸及其他照顾者也应该参与进来。

本周游戏

1. 听童谣《小蜘蛛》，做抚触

轻柔刺激宝宝的皮肤，让他产生安全感并增进亲子交流。

（1）在宝宝醒着时，妈妈洁净双手后，与他面对面。

（2）妈妈一边念唱童谣，一边做宝宝面部手指抚触：“有一只小蜘蛛，爬出了
出水口，刮风了、下雨了，小蜘蛛落下来了。”

- 有一只小蜘蛛，爬出了出水口：以大拇指的指腹轻轻从中间向两侧轻抚
宝宝的额头。
- 刮风了、下雨了：以食指、中指在宝宝脸的两侧从额头向下巴方向极轻
柔地交替点触，到达唇的两侧。
- 小蜘蛛落下来了：大拇指放在宝宝唇的下方、食指放在唇的上方，以指
腹轻轻从中间向两侧划出一个“笑容”。

（3）如果宝宝喜欢，可以反复玩。

育儿周周记 0~1 岁

扫码看演示

第2月

2. 换尿布也交流

（1）告诉宝宝正在发生什么：“宝宝小屁股湿了，真难受，妈妈帮你换尿布吧。”

（2）把湿尿布给宝宝看：“哎呦，湿湿的……”

（3）清洁宝宝的小屁股，用卫生纸从前往后擦，特别是女孩。边擦边说：“小屁股洗干净啦，摸摸小屁股，宝宝舒服啦。”

（4）用干净的尿布在宝宝脸上轻触：“干干香香的尿布，换上就舒服啦。”

（5）换好后亲亲宝宝：“换好啦，真舒服啊。”

本周问答

1. 宝宝只有抱着才能入睡怎么办？

1～2个月的宝宝要抱着睡或者陪着睡，是正常的生理要求，宝宝从母体内出来后需要一个安全的环境，需要母亲的爱抚。不要着急，观察和了解宝宝困倦要睡的状态表现，等宝宝困了再放宝宝到床上，逐渐帮宝宝养成良好的睡眠习惯。3个月后就应该培养宝宝独立入睡的能力。

2. 宝宝突然抽搐是病吗？

（1）小婴儿神经发育不完善，易受外界环境刺激引起惊跳反射，表现为身体突然的抖动，这是正常反应。

（2）宝宝出生时有窒息、颅内出血、新生儿缺血缺氧性脑病，之后反复出现肢体抖动，或抖动时眼神短暂呆滞，应带去医院检查。

宝宝出生 第7周 064 / 065

设计意图

- 使用手机或平板扫一扫二维码，播放亲子游戏视频，通过影像直观呈现亲子互动时的语言、动作、步骤和要点。

设计意图

- 以提问与回答的形式呈现本阶段宝宝成长过程中可能遇到的问题。

使用注意

- 可以配合“重点关注”书签使用，对主要养育者和其他养育者进行提示。
- 可以在文字旁的空白处针对此项内容书写补充或批注。

设计意图

- 每三个月提供宝宝成长自检清单，养育者可以根据观察到的表现在圆圈内进行勾选。

使用注意

- 每个宝宝的成长速度不同，即使有些表现没有在本周观察到，也不用太在意，可以在此页插上一枚“今日记录”书签，待后续观察到，再返回这页完成勾选。
- 依据宝宝尚未达成的发展项目，可返回前几周找到对应的亲子游戏内容进行练习，促进发展。

搭配使用

第3月
俯卧时用双臂撑起，抬头稳
手已张开，
用手摸东西
能从仰卧变为侧卧
自发微笑
笑出声音
如果宝宝3个月时完全符合如下表现，建议进一步咨询专业人员：
• 仰卧位时无法抬起头
• 对铃声、人声等没有反应
• 不会注意人脸，不会微笑
宝宝出生 第13周
092 / 093

发展自检表列表

设计意图

- 在恰当的宝宝成长阶段，提供育儿专题知识，向养育者提供更为具体的育儿知识。

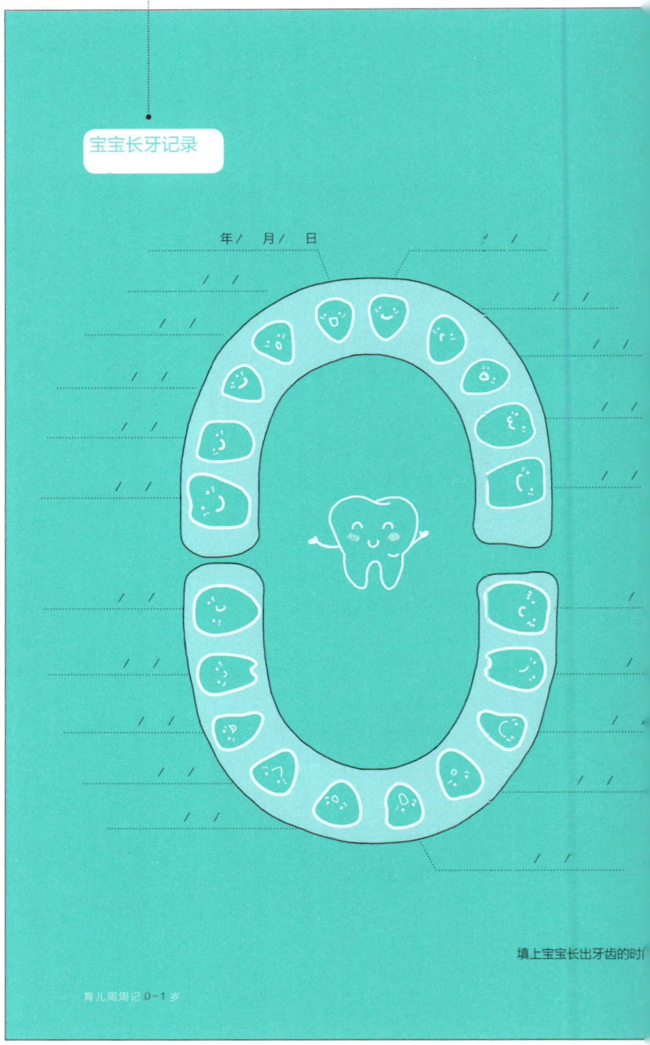

使用注意

- 专题知识一般提前于宝宝成长表现出现，以达到向养育者预先提示和介绍的作用，以便养育者可以做好充分的知识准备。
- 专题知识不仅用于阅读，也可以用于记录，这类记录一般无法一次完成，可以搭配“请你等等我”书签作为提示，进行持续性的记录。

搭配使用

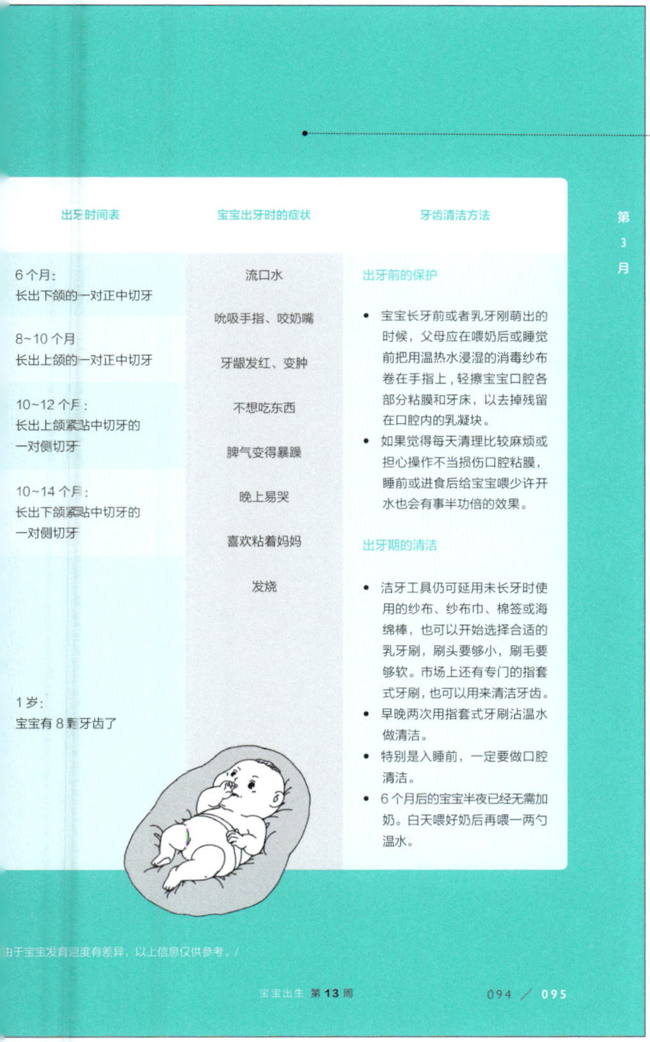

出牙时间表	宝宝出牙时的症状	牙齿清洁方法
6个月： 长出下颌的一对正中切牙	流口水	出牙前的保护
8~10个月 长出上颌的一对正中切牙	吮吸手指、咬奶嘴	• 宝宝长牙前或者乳牙刚萌出的时候，父母应在喂奶后或睡觉前把用温热水浸湿的消毒纱布卷在手指上，轻擦宝宝口腔各部分粘膜和牙床，以去掉残留在口腔内的乳凝块。
10~12个月： 长出上颌紧贴中切牙的一对侧切牙	牙龈发红、变肿	• 如果觉得每天清理比较麻烦或担心操作不当损伤口腔粘膜，睡前或进食后给宝宝喂少许开水也会有事半功倍的效果。
10~14个月： 长出下颌紧贴中切牙的一对侧切牙	不想吃东西	出牙期的清洁
	脾气变得暴躁	• 洁牙工具仍可延用未长牙时使用的纱布、纱布巾、棉签或海绵棒，也可以开始选择合适的乳牙刷，刷头要够小，刷毛要够软。市场上还有专门的指套式牙刷，也可以用来清洁牙齿。
	晚上易哭	• 早晚两次用指套式牙刷沾温水做清洁。
	喜欢粘着妈妈	• 特别是入睡前，一定要做口腔清洁。
1岁： 宝宝有8颗牙齿了	发烧	• 6个月后的宝宝半夜已经无需加奶。白天喂好奶后再喂一两勺温水。

第3月

由于宝宝发育速度有差异，以上信息仅供参考。/

宝宝出生 第13周　094 ／ 095

专题知识列表

- 第1周　宝宝1岁内的体检
- 第4周　宝宝接种疫苗的重要注意事项
- 第13周　宝宝长牙记录
- 第26周　宝宝添加辅食的时机和方法
- 第39周　宝宝爬行的意义与发展规律
- 第52周　宝宝0～1岁生长曲线记录

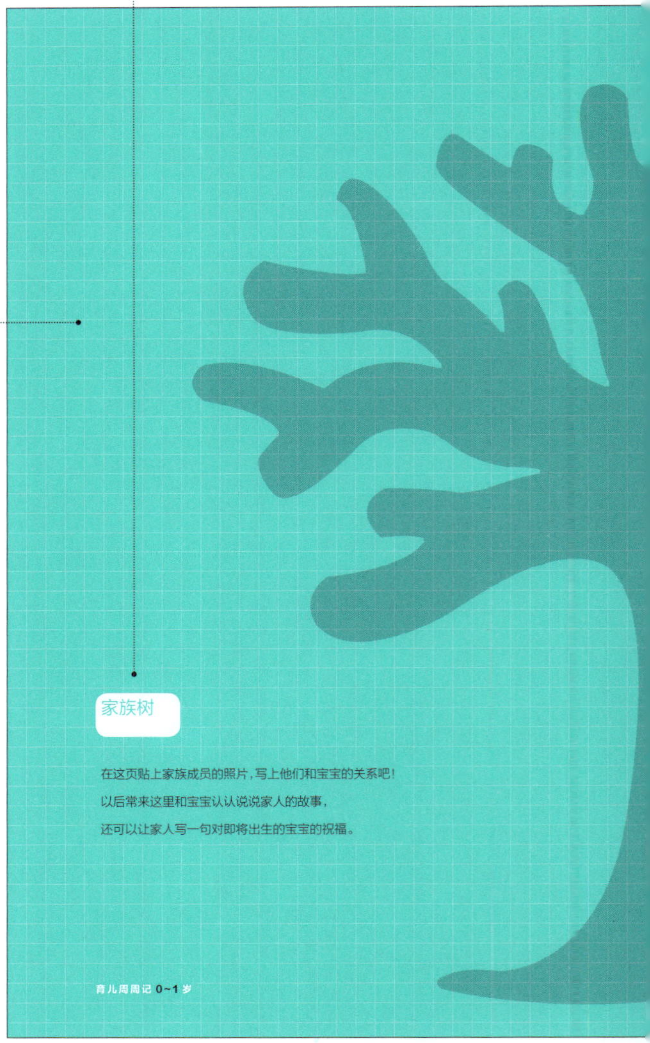

设计意图

- 在恰当的宝宝成长阶段，提供立体记录页。根据页面上的提示完成制作，可以获得独特的立体记录创作。

使用注意

- 根据页面上的提示，可能需要搭配使用若干种配件，主要配件已随书提供。
- 制作完成的页面一般为立体形式，合上书籍时需多加注意，避免损坏。

搭配使用

立体记录页列表

- 第 1 周前　肚子里的宝宝
- 第 1 周前　家族树
- 第 1 周前　出生在这样的时代
- 第 1 周前　宝宝出生了
- 第 3 周　宝宝的小手和小脚
- 第 5 周　给宝宝的满月祝福
- 第 6 周　宝宝姓名的寓意
- 第 7 周　宝宝像谁呢
- 第 8 周　妈妈给宝宝的一封信
- 第 10 周　爸爸给宝宝的一封信
- 第 14 周　宝宝 100 天了
- 第 18 周　爸爸给妈妈的一封信
- 第 21 周　妈妈给爸爸的一封信
- 第 24 周　宝宝会独坐了
- 第 30 周　宝宝会爬了
- 第 34 周　宝宝会站了
- 第 42 周　宝宝会叫人了
- 第 45 周　宝宝会走了
- 第 48 周　宝宝最喜欢的
- 第 52 周　宝宝 1 岁了

设计意图

- 使用手机或平板扫一扫二维码，播放立体记录页的示范制作视频，通过影像直观呈现制作步骤。

使用注意

- 并非必需按示范来完成立体记录页，可以按自己的想法在上面书写记录、粘贴照片。

目录

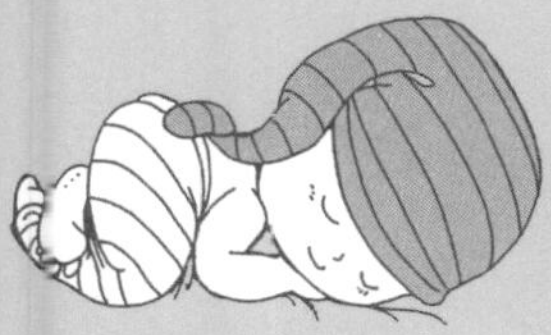

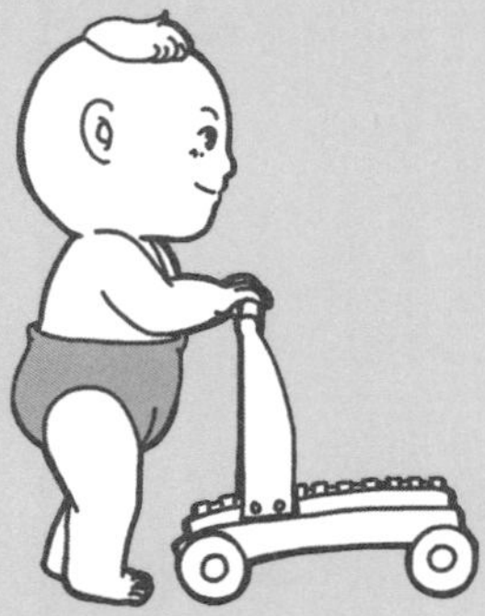

谢 谢 你 为 我 坚 持 了 365 天

为 了 我 们 无 法 重 来 的 一 次 旅 行

记 录 从 此 开 始 ____ 年 ____ 月 ____ 日

肚子里的宝宝

在这页贴上妈妈怀孕或宝宝的超声波照片吧！

还可以写下得知妈妈怀孕时初为父母的心情。

扫码看制作示范

家族树

在这页贴上家族成员的照片，写上他们和宝宝的关系吧！

以后常来这里和宝宝认认说说家人的故事，

还可以让家人写一句对即将出生的宝宝的祝福。

扫码看制作示范

出 生 在
这样的时代

在这页贴上宝宝出生前后几日最重要的几则新闻，如重要的新发现或科技发明、重大的社会事件、令人难忘的人物故事、今日最新房价等。

扫码看制作示范

宝宝出生了

在这页记录下宝宝的乳名、出生日期和时间、出生时的体重和身高，还可以贴上宝宝的第一张照片哦！

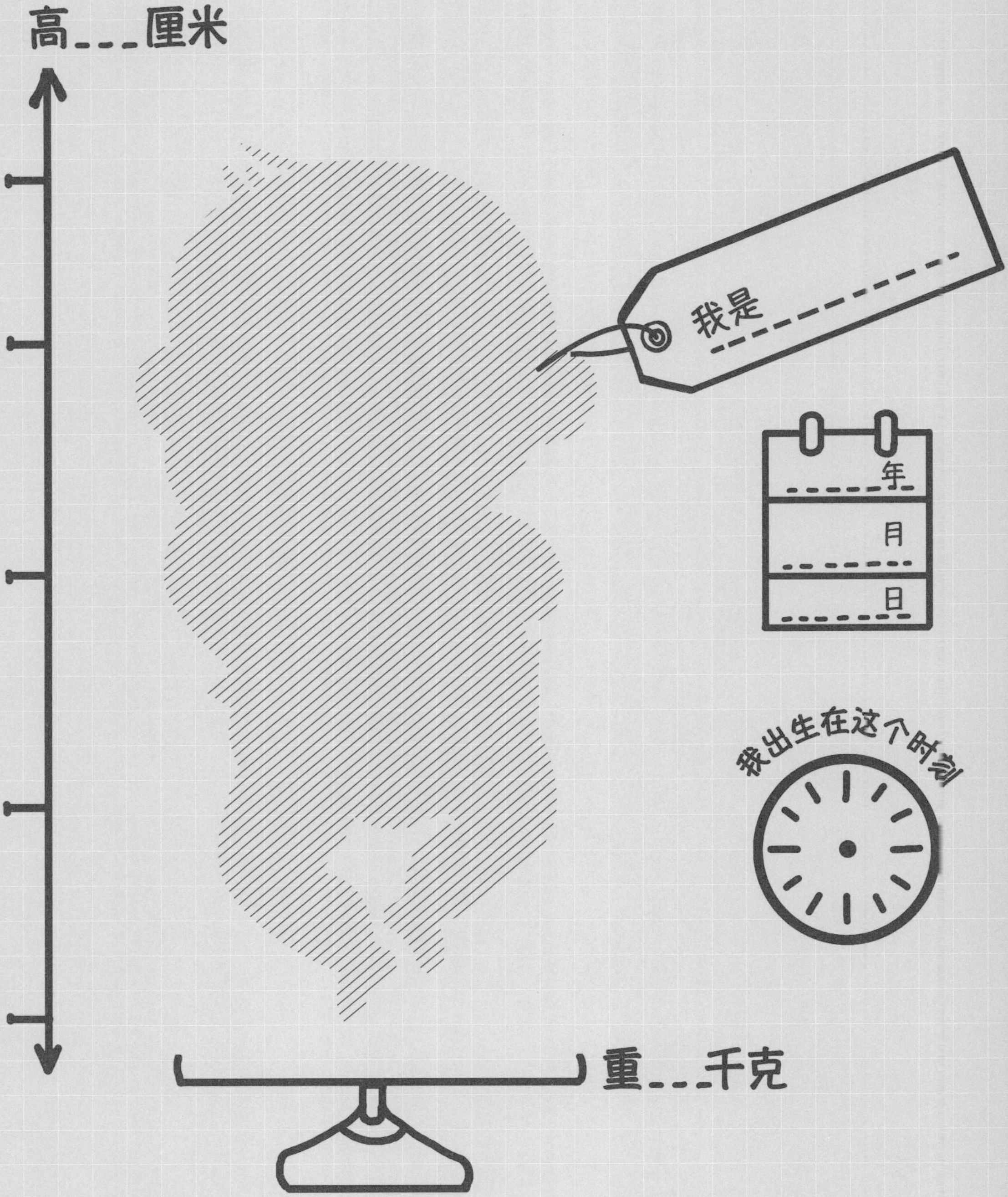

扫码看制作示范

在这里贴上宝宝的一缕头发

在这里贴上宝宝的出生手环

宝宝出生

第 1 周

宝宝的表现

/ 对观察到的表现打钩 /

会整天睡觉

生活尚无规律，
高兴时会扭动四肢

出现黄疸，约 7 天自行消退

体重比出生时可能会稍有下降，这是正常的

会排出墨绿色胎便，每天排尿 6~10 次，每次量少

本周重要事项

/ 列出待办事项，完成后打钩 /

- 卡介苗（出生 24 小时后）
- 乙肝疫苗 第 1 针（出生满 2 ~ 5 天）

本周育儿感受

好不真实啊，从此以后家里多了一个人！

	Mon 星期一 月 日	Tue 星期二 月 日
0	换尿布、喂奶	
1		
2	睡觉	
3	喂奶	
4		
5	睡觉	
6	换尿布、喂奶	
7		
8	起床	
9	换尿布、喂奶	
10	睡觉	
11		
12	换尿布、喂奶	
13		
14	晒太阳	
15	换尿布、喂奶	
16	睡觉	
17	洗澡、抚触	
18		
19	睡觉	
20		
21	喂奶	
22	睡觉	
23		

养育关注点

/ 列出待办事项，完成后打钩 /

/ 补充 /

- 坚持母乳喂养，每天吮吸母乳（不少于8次）可促进乳分泌，注意科学哺喂让哺乳成为一件愉快的事。
- 让宝宝享受第一次洗澡，注意时间合理，控好水温，妈妈可以和宝宝讲一讲关于洗澡的过程，观察宝宝的反应。
- 卡介苗（出生24小时后）。
- 乙肝疫苗第1针（出生满2~5天）。
- 为宝宝营造舒适的环境，按需照料，控制温湿度，定时通风打扫。

Wed 星期三 月 日	Thu 星期四 月 日	Fri 星期五 月 日	Sat 星期六 月 日	Sun 星期日 月 日

本周生活

1. 母乳喂养七步法

（1）用乳头轻触宝宝上嘴唇，刺激宝宝把嘴张大。

（2）等宝宝张开嘴寻找乳房时，把宝宝抱近乳房。

（3）确保宝宝嘴唇在乳晕周围张得大大的，多含乳晕。

（4）若感觉乳头疼，通常是宝宝仅含住乳头，没含住乳晕，这时需要调整姿势，让宝宝重新含吸乳房后再试试。

（5）当宝宝吃奶时，注意乳房不要闷住宝宝鼻子，影响呼吸。

（6）哺喂结束，要将宝宝竖起，胸部趴靠在母亲肩上，用手轻拍后背让宝宝打出嗝。

（7）每次哺乳后可挤少量乳汁涂于乳头上，防止皲裂。

出现问题别灰心。假以时日，母乳喂养对妈妈和宝宝都会是件愉快的事！

2. 三招搞定舒适环境

（1）母婴同室有利于母子感情交流，方便照料，便于妈妈按需哺喂并与宝宝互动。

（2）卧室温度 20℃～22℃为宜，湿度保持在 55%，如能朝南向阳更好！

（3）房间每天要定时通风并保持清洁。清洁时用湿法打扫，避免扬起灰尘。

3. 第一次给宝宝洗澡

（1）吃完奶 1 小时后才可给宝宝洗澡。一般宝宝喂奶后就会睡觉，最好是在给宝宝喂奶前先洗澡，这样宝宝会感觉很舒适。

（2）水温在 38℃～40℃，用婴儿专用洗护用品。

（3）可在浴盆里放上浴床，让宝宝躺在浴床上；清洗时用掌心托住头，拇指与中指轻翻耳廓堵住耳眼，避免进水。

（4）在洗澡的过程中和宝宝轻声对话，用语言描述洗澡的过程及宝宝的感受。

（5）勿清洗宝宝脐带，也勿打湿脐带部位！

（6）洗完后用大浴巾将宝宝裹起，涂抹爽身粉，用棉签沾酒精螺旋式地由内而外擦拭脐部。

（7）如宝宝情绪好，可播放音乐，用婴儿油给他做抚触。

（8）在冬季注意为宝宝保暖，避免感冒。

本周问答

1. 新生宝宝第一周的睡眠都是这样无规律的吗？

是的，宝宝睡眠差异较大，大部分宝宝每天要睡16~18小时，每次只睡2~3小时，晚上也是如此。请了解宝宝每天晚上会醒几次，起来看看宝宝，按需喂奶，给他换尿布等，宝宝感到舒服了就会继续睡。

2. 将母乳吸出来，用奶瓶喂宝宝好不好？

妈妈应坚持让宝宝吮吸母乳，这不仅有利于促进乳汁分泌，更能促进亲子交流。在迫不得已的情况下，如妈妈外出或母乳过多涨奶时，可将母乳挤出存放至干净的容器或特备的“乳袋”中，妥善保存在冰箱或冰包中冷藏或冷冻。食用前用温水加热至37℃~8℃即可喂哺。

3. 新生宝宝好像吃不够，可以给宝宝加糖水、奶粉或人工奶嘴吗？

宝宝刚生下来，母亲少量但营养极为丰富的初乳是完全能够满足其生长需求的，不需要添加任何糖水、奶粉或给他吸人工奶嘴。添加这些物品会使宝宝减少对母乳的渴求，出现一系列不良反应，且易阻碍母乳喂养的顺利进行。

宝宝 1 岁内的体检

宝宝 1 岁内要进行 8 次体格检查：一般第 1 次为出生后的即时检查，然后是 7~10 天的家庭产后访视，接下来是 1 个月、42 天、3 个月、6 个月、9 个月和 12 个月的定期体检，这样可以让父母随时了解宝宝的生长发育情况，同时也可以从儿保医生那儿学到更多的育儿知识和技能，及时发现宝宝在生长发育过程中出现的问题和偏差，做到及时纠正和矫治。

次数	检查项目	检查地点
第 1 次	出生后的第 1 次体检及新生儿疾病筛查	出生医院
第 2 次	新生儿家庭访视	家庭中
第 3 次	1 个月的体检	社区医院
第 4 次	42 天的体检	出生医院
第 5 次	3 个月的体检	社区医院
第 6 次	6 个月的体检	社区医院
第 7 次	9 个月的体检	社区医院
第 8 次	1 周岁的体检	社区医院

检查内容

医生会对宝宝做全面的身体检查，如测量头围、身高、体重，查看宝宝皮肤的颜色，检查宝宝心脏和呼吸、肌肉紧张度和活动。通过血液检查筛查新生儿先天性代谢性疾病，筛查新生儿听力。

由社区医生上门对新生儿进行检查，了解宝宝的喂养情况和长磅情况，检查心跳，呼吸，体温，皮肤，脐部等重要部位。

要为宝宝建立系统检查的保健卡，进行身体检查和体格生长的测量，对家长进行喂养和护理指导。

对宝宝进行身体检查，测量身高、体重。

对宝宝进行体格生长的测量和评价，动作发育的评估，并作相应的指导。

继续跟踪监测宝宝体格生长的趋势，观察其神经精神发育的水平，作相应的指导。还要进行血液的常规检验和相关的微量元素测定，对家长进行辅食添加的指导。

除做好体格测量评价和神经精神发育评估外，还要进行听力检查和五官保健的相关指导。

医生会对宝宝进行周岁全面体格检查和测量，还要做一个全面的神经精神发育的评估，即大运动能力、精细动作能力、语言能力和人际交往能力的评估。医生会对每个宝宝做一个详细的周岁小结，并对家长进行相应的指导。

/ 此表仅供参考，具体以当地机构服务为准 /

宝宝出生

第 2 周

宝宝的表现

/ 对观察到的表现打钩 /

渐渐适应自己的生活，从早到晚还是吃和睡

睡醒后能安静地观察周围的新环境

本周重要事项

/ 列出待办事项，完成后打钩 /

医院出生证明（1个月内出具）报户口

本周育儿感受

乳头好疼，真不愧是"吃奶的力气" ><

	Mon 星期一 月　日	Tue 星期二 月　日
0		
1		
2		
3		
4		
5		
6		
7		
8		
9		
10		
11		
12		
13		
14		
15		
16		
17		
18		
19		
20		
21		
22		
23		

养育关注点

/列出待办事项，完成后打钩/

/补充/

- 通过观察体重、尿片等辨析宝宝是否吃饱。
- 宝宝每天睡眠16～18小时，做好心理准备，应对频繁喂奶。
- 选择合适的衣物，保持宝宝脐带残端洁净干爽。
- 宝宝哭闹时，努力保持自己愉悦的情绪，用温柔的语言安抚宝宝，耐心等待宝宝情绪恢复稳定。
- 和宝宝玩脸对脸游戏，哺乳时也别忘了和宝宝适度交流。
- 勤剪指甲，将手指伸进宝宝手里促进宝宝的触觉发育。
- 在医生指导下为宝宝补充维生素D。

Wed 星期三 月　日	Thu 星期四 月　日	Fri 星期五 月　日	Sat 星期六 月　日	Sun 星期日 月　日

本周生活

1. 坚持母乳喂养，出现以下五种情况之一，说明宝宝可能没吃饱

（1）新生儿出生后 2 ~ 3 天会出现生理性体重下降，但是应该在 10 天左右恢复，如果出生后 2 周体重仍然低于出生体重，或者之后体重增长明显比同龄儿慢，说明喂养量不足。

（2）在母乳充足的情况下，通常宝宝至少 24 小时内排尿 6 ~ 8 次，如果 24 小时内宝宝尿湿的尿片不足 6 片，且尿味重，色深黄，需要引起重视。

（3）吃完奶宝宝总是闹或睡觉小于 1 小时。

（4）宝宝吃奶时面颊出现小坑或会发出咂舌头的声音，说明他含乳头的方式不正确，可能影响摄入的奶量。

（5）哺乳后母亲感觉不到乳房变软。

若家长还有其他疑问，应向医生咨询。

2. 知宝宝睡眠习惯，做自身心理建设

（1）每个宝宝睡眠时间的长短有差别。

（2）这个时期的宝宝每天大约要睡 16 ~ 18 小时。

（3）不管白天还是晚上，宝宝每次睡眠的时间会一点点延长。

（4）白天要陪宝宝玩耍，晚上要起来给他喂奶、换尿布，睡不到整宿觉。在宝宝出生的前几周，这几乎是每位父母的“功课”，家长要做好心理准备。

3. 保持宝宝脐带残端洁净干爽

（1）纸尿裤 / 尿布应处于宝宝的脐带残端下面，或用专为新生儿设计的把肚脐露出来的纸尿裤，确保脐带残端不是浸在他的尿液里。

（2）洗澡时不要打湿宝宝脐带部位。

（3）宝宝的衣着建议宽松，尤其避免内衣紧贴身体，否则容易闷热，不利于保持脐部干燥。

（4）每天用 75% 浓度的酒精擦拭宝宝的脐带残端，保持肚脐周围的清洁和干燥。注意千万不要扯掉宝宝的脐带残端。当脐带与身体完全分离并脱落的时候，一个可爱的小肚脐眼就出现了！

本周游戏

脸对脸

建立良好亲情关系，助宝宝体验安全、愉悦的情绪。

（1）怀抱并面对宝宝，两者相距约20～30厘米。

（2）轻轻和宝宝说话："宝宝饿了，妈妈来给宝宝喂奶了！"

（3）在整个喂奶过程中，目光一直关爱地看着宝宝或极轻柔地吟唱，将爱的情感传递给他。

每周问答

1. 要给宝宝戴手套防止宝宝抓伤自己吗？

新生儿指甲长得很快，有的家长担心他抓伤自己，就为他戴上手套，这样并不利于宝宝的触觉发育。可用新生儿专用指甲钳在宝宝睡着时为他修剪指甲，修剪得短而光滑，防止他刮伤自己。

2. 宝宝需要补充维生素D吗？

维生素D直接参与体内钙磷的代谢，宝宝体内的钙要想被充分吸收和利用，就必须要维生素D的参与。母乳中维生素D的含量比较低，一般情况下，从出生后几天起，宝宝就应该开始补充每天400单位的维生素D；配方奶喂养的宝宝则视奶量决定维生素D的量，以预防佝偻病的发生。有特殊症状表现的宝宝，在医生指导下合理补充。

宝宝出生

第 3 周

宝宝的表现

/ 对观察到的表现打钩 /

视力范围只有 30 厘米左右，虽然看东西模糊，但已能清楚地看到是谁抱着自己

本周重要事项

/ 列出待办事项，完成后打钩 /

本周育儿感受

宝宝两小时就饿了，
妈妈缺觉啊，
真想一睡不起！

	Mon 星期一 月 日	Tue 星期二 月 日
0		
1		
2		
3		
4		
5		
6		
7		
8		
9		
10		
11		
12		
13		
14		
15		
16		
17		
18		
19		
20		
21		
22		
23		

养育关注点

/ 列出待办事项，完成后打钩 /

/ 补充 /

- 注意观察宝宝的“臭臭”，从而辨识宝宝的健康情况。
- 每日给宝宝做全身抚触，近距离、面对面和宝宝说话，可以说说正在做的事情、宝宝的动作表现及妈妈的感受等，益处多多。
- 伴随童谣轻轻吟唱，并做做手指按摩，刺激宝宝小手触觉，帮助他张开手指。
- 不要轻易放弃母乳喂养，母乳不足可在哺乳后用配方奶补足。
- 促进泌乳，需注意按需哺乳，每次哺乳后排空乳房，辅以按摩，保持妈妈身心愉快。

Wed 星期三 月　日	Thu 星期四 月　日	Fri 星期五 月　日	Sat 星期六 月　日	Sun 星期日 月　日

本周生活

识“臭臭”，辨健康

（1）母乳是宝宝最佳的食物！母乳喂养的宝宝的正常大便为金黄色或暗黄色，没有难闻的气味，稀软但有质地，有时呈颗粒状，有时呈凝乳状。有的母乳喂养的宝宝的大便次数较多，如果大便化验无异常，且体重正常增长，家长就不用为他担心。

（2）配方奶喂养的宝宝的正常大便为淡黄色或黄棕色，比母乳喂养的宝宝大便看起来更大坨，气味也较臭。宝宝每天至少排便 1 次才会舒服。

本周游戏

1. 轻轻按摩

抚触可以让宝宝放松，睡得更好，并能增强宝宝安全、愉悦的情绪。

（1）在手上擦一点油或乳液，两手对搓，让油或乳液变暖。

（2）从宝宝的腿开始，非常柔和地给他擦油或乳液。

（3）从小腿到大腿，轻轻地揉捏。

（4）在抚触宝宝的胸部和肚子时，轻轻地把双手平放，从中心向两边伸展，就像把书页抹平一样。

（5）双手平放在宝宝身上，指尖向外划小圈抚触。

在宝宝洗浴后及睡前做抚触较合适，不宜在两餐间做。为增加亲子关系，最好由父母亲自做。抚触的时候，和宝宝说话并观察他的反应非常重要，这会告诉家长什么时候该停下来以及宝宝喜欢哪种抚触方式等。

2. 童谣《五个小娃娃》

刺激宝宝的手部触觉帮助他张开手指，促进亲子交流。

（1）在宝宝醒着且较为愉悦时，和宝宝玩。

（2）轻轻吟说一句童谣，同时用拇指和食指捏住宝宝的一根手指，轻轻地捋，再让手指自然滑落。

（3）对应童谣内容，将宝宝的每一根手指都捋一下："拇指哥哥醒来啦！食指哥哥醒来啦！中指哥哥醒来啦！四指哥哥醒来啦！小指弟弟醒来啦！"

（4）给宝宝的左右手都做一遍。

本周问答

1. 母乳不足怎么办？

妈妈千万不要轻易放弃母乳喂养，多一天母乳喂养，宝宝便多一分健康！确因乳量不足影响宝宝生长，应该在医生指导下在每次哺乳后用配方奶补充母乳的不足。

2. 母乳喂养，妈妈应注意什么？

注意按需哺乳，每次哺喂时两侧乳房都排空，做好乳房按摩，并保持身心愉快、充足睡眠、合理营养（每天需额外增加能量 500 千卡），这些都可促进泌乳。

宝宝的小手和小脚

在这页印上宝宝的手印、脚印吧！

扫码看制作示范

宝宝出生

第 4 周

宝宝的表现

/ 对观察到的表现打钩 /

喜欢听人发出高频的声音，喜欢听照顾者用唱歌一样的音调和他说话，但不喜欢待在吵闹的环境中

本周重要事项

/ 列出待办事项，完成后打钩 /

本周育儿感受

爸爸学会了给宝宝换尿布、洗澡，奖励小红花一枚！

	Mon 星期一 月 日	Tue 星期二 月 日
0		
1		
2		
3		
4		
5		
6		
7		
8		
9		
10		
11		
12		
13		
14		
15		
16		
17		
18		
19		
20		
21		
22		
23		

养育关注点

/ 列出待办事项，完成后打钩 /

/ 补充 /

- ○ 挤奶要注意手势，用科学的方法保护乳房。
- ○ 母乳喂养的宝宝不需要喝水。
- ○ 洗澡时多交流会让宝宝感到舒适和安全。
- 睡前音乐有助于宝宝放松及安静。
- ○ 让父亲参与照顾宝宝，每天陪玩1小时或参与给宝宝洗澡、换尿布等事情。

Wed 星期三 月　日	Thu 星期四 月　日	Fri 星期五 月　日	Sat 星期六 月　日	Sun 星期日 月　日

本周生活

挤奶的六个基本要领

尽量不要把母乳挤出后给宝宝吃，一方面，宝宝吸吮乳汁是对母乳的刺激，另一方面，母乳喂养的过程也是妈妈和宝宝交流的过程。不过，如果母乳量多，则可以储备一些，为今后宝宝能更长时间喝到母乳做储备。

挤奶时需要注意以下几点：

（1）先洗净双手，保持舒适的姿势。

（2）双手呈 C 形，拇指在上，其余四指在下，拇指与食指相对放置在乳晕处，其他手指托着乳房。

（3）用拇指及食指向胸壁方向轻轻下压，按压乳晕下方的乳窦，乳窦内储存着乳汁，手指反复地一压一放，注意手指不要压乳头。

（4）对一侧乳房每次至少挤压 3~5 分钟，直至乳汁减少再去挤压另一侧乳房，两侧乳房可交替挤压。

（5）挤奶持续时间应以 20~30 分钟为宜。

（6）也可用吸奶器吸奶。

本周游戏

1. 洗澡时间

（1）边准备物品边和宝宝交流："宝宝，我们准备洗澡了……要脱掉衣服哦……"

（2）边洗澡边和宝宝交流："洗洗小脑袋、洗洗小手……"

（3）洗完澡，用轻柔的语言将擦干宝宝身体、抹爽身粉等过程以及宝宝的感受描述给他听。

2. 睡前来点音乐吧

（1）推荐雷蒙的《爸爸妈妈》这类音乐，节奏较为舒缓，饱含亲子交流的情感。

（2）在宝宝入睡前，以极轻的音量播放音乐。

（3）每天定时、反复播放同一首音乐，可以帮助宝宝固化入睡习惯。

本周问答

1. 母乳喂养的宝宝需要喝水吗?

不需要。母乳喂养的宝宝的液体摄入量完全能满足他的生理需求，即使在炎热的夏天，如果宝宝出汗多，只要适当增加母乳喂哺的次数即可，因为宝宝的胃容量有限，喂水尤其过度喂水会影响宝宝的奶量，容易引起营养摄入不足。

2. 父亲如何参与照顾宝宝?

给爸爸安排一些必须做的事情，如每天清晨陪宝宝玩 1 小时或者每天给宝宝洗一次澡、换一次尿布等。此阶段的养育任务应以宝宝的亲生父母为主，其他人是辅助。这样，既能培养父母的责任感，也可维系亲情。

宝宝接种疫苗的注意事项

父母要知晓

1 第一次接种预防疫苗，要带上宝宝的出生证、父母的户口本、结婚证、身份证和宝宝出生医院提供的接种卡至地段医院登记，然后由地段医院的医生告知具体的接种时间安排。

2 预防疫苗包括两类：一类疫苗（也称计划内疫苗）和二类疫苗（也称计划外疫苗）。其中一类疫苗是国家强制要求接种的，属于免费疫苗。二类疫苗是由父母自主选择自费为宝宝补充接种的疫苗。

父母要注意

1 宝宝接种预防疫苗后，会出现一些局部或全身反应。在接种后数小时至 24 小时左右注射部位可能出现红、肿、热、痛，或发热、头痛，偶有恶心、呕吐、腹泻等现象。这时，应给孩子多喝水和保证充足的休息，一般这些反应在 2~3 天内会自行消退，不需作特殊处理。如出现异常的过敏或晕厥、休克等反应，或局部红肿继续扩大，或高热持续不退，应立即将宝宝送医院诊治。

2 暂缓接种的几种情况：发热期间、患传染病期间和传染病恢复期，患严重器质性疾病期间。

3 打针后 2~3 天内应避免让宝宝剧烈活动，注意注射部位的清洁卫生。暂时不要让宝宝洗澡，以防止局部感染。

疫苗名称	出生	1 月
卡介苗	●	
乙肝疫苗	●	●
脊髓灰质炎疫苗		
百白破疫苗		
白破疫苗		
麻风疫苗（麻疹疫苗）		
麻腮风疫苗		
乙脑减毒活疫苗（乙脑灭活疫苗）		
A 群流脑疫苗		
A+C 群流脑疫苗		
甲肝减毒活疫苗（甲肝灭活疫苗）		

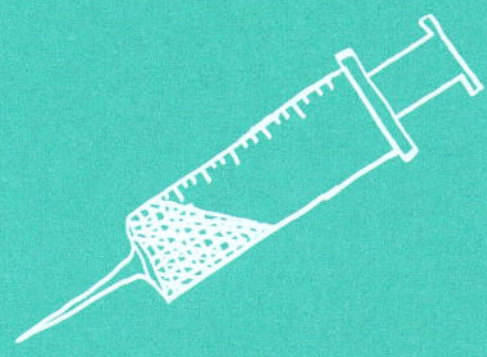

/ 宝宝计划内疫苗接种安排 /

4月	5月	6月	8月	9月	18月	1岁半~2岁	2岁~2岁半	3岁	4岁	6岁
		●								
●									●	
●	●					●				
										●
			●							
						●				
			●				●			●
		●		●						
								●		●
					●		●			

/ 图表来源：中国疾病预防控制中心。不同地区存在差异，具体请咨询当地疾病预防控制中心 /

宝宝出生

第 5 周

宝宝的表现

/ 对观察到的表现打钩 /

有些宝宝趴着的时候，还能把头抬起一小会儿

能盯着一个物体看好几秒钟，还能追踪移动的物体

本周重要事项

/ 列出待办事项，完成后打钩 /

- 乙肝疫苗第 2 针（出生满 1 个月）
- 办满月酒

本周育儿感受

时间过得好快，已经当妈一个月了！希望宝宝健康长大，快变双眼皮，还有别再吐奶啦！

	Mon 星期一 月 日	Tue 星期二 月 日
0		
1		
2		
3		
4		
5		
6		
7		
8		
9		
10		
11		
12		
13		
14		
15		
16		
17		
18		
19		
20		
21		
22		
23		

第2月

养育关注点

/列出待办事项，完成后打钩/

/补充/

- 坚持母乳喂养，母乳可放专用冰箱里冷藏或冷冻保存。
- 玩追踪小红球游戏可促进宝宝视觉发展。
- 根据宝宝情绪，每天让宝宝趴一会儿，练习抬头和前臂支撑。
- 关注宝宝体重增长情况，以此辨识宝宝的健康状况。
- 喝“满月酒”时也要注意宝宝的卫生和休息。

Wed 星期三 月 日	Thu 星期四 月 日	Fri 星期五 月 日	Sat 星期六 月 日	Sun 星期日 月 日
宝宝打疫苗时就哭了一下，好勇敢，妈妈为你骄傲！			今天预约了接种，可千万不能忘了！	

本周生活

母乳保存好方法

（1）在挤奶之前把手洗干净，吸奶器和收集母乳用的奶瓶要确保煮沸消毒。

（2）将挤出来的奶立即冷藏或放在冰包里。

（3）母乳通常可置于冰箱冷藏 48 小时或冷冻 3 个月，但冷冻会破坏母乳中的一些抗体（不过即使如此，冷冻的母乳仍然比配方奶有益）。

（4）冷冻后又被解冻的母乳可再次存放的时间最长达到 24 小时，但不能重新冷冻。

（5）将挤出来的母乳放在一个独立的冰柜里保存，会使保鲜的时间持续更久一些，因为这个冰柜通常不会像普通冰箱一样频繁地被打开。

本周游戏

扫码看演示

1. 看看小红球在哪里

（1）在细绸带上吊一个小红球。

（2）让宝宝躺着，将小红球吊放在距他眼睛 30 厘米处。

（3）等宝宝看到小红球后，极其缓慢地将小红球向左方移动并辅以语言描述："咦，小球球会跑哦，宝宝找找它。"逗引宝宝盯着看。

（4）再慢慢将小红球向右侧移动。

（5）不能将小红球固定吊着，防止宝宝产生斜视。

扫码看演示

2. 趴卧游戏 1、2、3

（1）当宝宝情绪很好的时候（喝完奶至少 30 分钟后），让他俯卧在床上，双手放胸前。

（2）趴在宝宝的对面呼唤他："宝宝，妈妈呢？看妈妈。宝宝力气好大哦，头都可以抬起来啦！"也可以用发声玩具逗引宝宝抬头。

（3）根据宝宝的情绪确定俯趴游戏持续的时间。

本周问答

1. 宝宝不长体重怎么办？

宝宝不长体重，首先检查是否存在以下情况：喂奶时听不到宝宝吞咽的声音，妈妈感觉不到胀奶，满月体重增加不足 500 克，每日排尿少于 6 次，这些情况表示母乳不足。但是，即使母乳不足也不要轻易放弃母乳喂养，应通过多种方法促进母乳分泌。其次，喂奶时应让宝宝吸空一侧乳房后再吸另一侧，如果一侧乳房未被吸空马上又换喂另一侧，造成宝宝未吃到脂肪含量多的后奶，也会影响宝宝体重的增长。再者，检查宝宝的大便次数，如果次数较多则需化验是否有感染。

2. 喝"满月酒"要注意什么？

宝宝满月时若邀请亲朋好友来喝满月酒，一定要注意宝宝与成年人接触的卫生要求。如：邀请身体健康的客人，提醒大家洗手，不鼓励客人亲吻或摸宝宝的小脸蛋，同时还要注意如果妈妈和宝宝累了要及时休息。

给宝宝的满月祝福

宝宝满月啦！在这个重要的日子里，宝宝收到了满满的祝福。

扫码看制作示范

宝宝出生

第 6 周

宝宝的表现

/ 对观察到的表现打钩 /

按照接种卡提示日程进行预防接种

去社区医院进行系统体检

本周重要事项

/ 列出待办事项，完成后打钩 /

预约体检

本周育儿感受

宝宝体检指标各项达标，得到医生表扬了，开心！

	Mon 星期一 月 日	Tue 星期二 月 日
0		
1		
2		
3		
4		
5		
6		
7		
8		
9		
10		
11		
12		
13		
14		
15		
16		
17		
18		
19		
20		
21		
22		
23		

第2月

养育关注点

/ 列出待办事项，完成后打钩 /

/ 补充 /

- 提前了解接种护理的知识。
- 将有声的玩具放在宝宝眼前移动，刺激宝宝的视听协调力的发展。
- 继续温柔地给宝宝全身抚触，抚触时微笑地注视宝宝。
- 留意接种卡上的接种时间，避免错过接种期。
- 要关注那些不适宜接种疫苗的情况。体检时轻声安慰宝宝，减少其对医生的恐惧，让宝宝安静地配合体检。

Wed 星期三 月 日	Thu 星期四 月 日	Fri 星期五 月 日	Sat 星期六 月 日	Sun 星期日 月 日

本周生活

提前了解疫苗接种护理

（1）宝宝及时接种疫苗对健康至关重要。

（2）接种疫苗后应注意多给宝宝补充水，保证他充足的休息。

（3）有些疫苗接种后宝宝会出现不良反应，通常易出现的不良反应包括腹泻、皮疹、发烧等。出现轻微症状，一般不需特殊处理，注意给他多补充水分，及时更换尿布，保证充足的休息。但若症状较重，应及时带他去医院就诊。

（4）接种时，安抚宝宝，减少宝宝恐惧，让他保持愉快的情绪。

本周游戏

扫码看演示

1. 听听响声在哪里

（1）让宝宝躺在床上。

（2）拿一个拨浪鼓（或摇铃），在宝宝一侧耳边轻轻摇动，发出声响。宝宝出现惊跳、眨眼或停止活动等反应时，说明宝宝听到了声音。

（3）再将拨浪鼓（或摇铃）换到宝宝另一侧耳边轻摇，重复刚才的过程。

（4）根据宝宝的情绪确定是否需要反复玩。

扫码看演示

2. 宝宝爱抚触

抚触能促进宝宝的血液循环、皮肤新陈代谢，有助皮肤健康；同时也可以增强宝宝的安全感、促进亲子交流。

（1）在手上擦一点婴儿油或乳液，两手对搓，让油或乳液变暖。

（2）按照足→腿→胸腹→上肢→手→背部的顺序给宝宝做全身性的按摩。

（3）做背部按摩时双手大拇指平放在宝宝的脊椎两侧，其他手指并在一起扶住宝宝身体，拇指指腹分别由中央向两侧轻轻抚摸，从肩部处移至尾椎，反复3~4次。

动作轻柔是首要注意的事项，最好由父母亲自做，按摩时可播放音乐并按节奏来做。

本周问答

1. 错过疫苗接种期怎么办？

尽快去医院按照医生提示进行补种。家长尽量不要忘记按照接种卡上填写的时间前往接种，有些疫苗前一针接种过了一定时间就会失去作用，不能打加强针，还要重新来一轮。

2. 哪些情况下宝宝不宜接种疫苗？

（1）在宝宝应该接种疫苗的日子，宝宝刚好感冒发烧或因其他疾病在服药，通常应缓种疫苗。因为接种疫苗后可能会出现体温升高的情况或加重原有疾病的病情。另外，疫苗中的抗原成分与致病的细菌互相干扰，也可能会影响免疫力的生成。

（2）已知对疫苗及其所含任何成分，包括辅料、抗生素严重过敏者和其他严重不良反应者，不能接种。

（3）患脑病、未控制的癫痫和其他进行性神经系统疾病者，接种疫苗需遵医嘱。

（4）注射疫苗后发生神经系统反应者，不能进一步再接种该类疫苗。

宝宝姓名的寓意

在这页写下宝宝的大名、乳名以及背后的寓意吧！

扫码看制作示范

宝宝出生

第 7 周

宝宝的表现

/ 对观察到的表现打钩 /

可能会盯着你的眼睛，冲你微笑

本周重要事项

/ 列出待办事项，完成后打钩 /

本周育儿感受

宝宝更喜欢对着我笑，果然付出有回报！

	Mon 星期一 月　日	Tue 星期二 月　日
0		
1		
2		
3		
4		
5		
6		
7		
8		
9		宝宝发湿疹了，明天开始
10		
11		要记录食谱了！
12		
13		
14		
15		
16		
17		
18		
19		
20		
21		
22		
23		

养育关注点

/ 列出待办事项，完成后打钩 /

/ 补充 /

- 宝宝清醒的时候，要多和他说话交流，可选择在特定的养护情境中，如换尿布时和他进行语言沟通。
- 伴随童谣，给宝宝做面部按摩抚触，轻柔刺激他的皮肤。
- 1~2 个月的宝宝要抱着睡或是陪着睡是正常的生理要求，应给予理解和满足。
- 宝宝突然肢体抖动通常是正常的生理反应。

Wed 星期三 月 日	Thu 星期四 月 日	Fri 星期五 月 日	Sat 星期六 月 日	Sun 星期日 月 日

本周生活

觉醒时间多交流

（1）对小宝宝来说，听得越多，以后说得越好，要利用日常养育过程中的一切机会，多跟他说话。

（2）在宝宝清醒的时间，和他说话、交流，满足他吸收外部刺激的需要，让他从亲人面部表情及语音语调里，捕捉各种信息，提高语音听觉能力。

（3）不仅妈妈应多和宝宝说话，爸爸及其他照顾者也应该参与进来。

本周游戏

1. 听童谣《小蜘蛛》，做抚触

轻柔刺激宝宝的皮肤，让他产生安全感并增进亲子交流。

（1）在宝宝醒着时，妈妈洁净双手后，与他面对面。

（2）妈妈一边念唱童谣，一边做宝宝面部手指抚触："有一只小蜘蛛，爬出了出水口，刮风了、下雨了，小蜘蛛落下来了。"

- 有一只小蜘蛛，爬出了出水口：以大拇指的指腹轻轻从中间向两侧轻抚宝宝的额头。
- 刮风了、下雨了：以食指、中指在宝宝脸的两侧从额头向下巴方向轻轻柔地交替点触，到达唇的两侧。
- 小蜘蛛落下来了：大拇指放在宝宝唇的下方、食指放在唇的上方，以指腹轻轻从中间向两侧划出一个"笑容"。

（3）如果宝宝喜欢，可以反复玩。

扫码看演示

2. 换尿布也交流

（1）告诉宝宝正在发生什么：“宝宝小屁股湿了，真难受，妈妈帮你换尿布吧。”

（2）把湿尿布给宝宝看：“哎呦，湿湿的……”

（3）清洁宝宝的小屁股，用卫生纸从前往后擦，特别是女孩。边擦边说：“小屁股洗干净啦，摸摸小屁股，宝宝舒服啦。”

（4）用干净的尿布在宝宝脸上轻触：“干干香香的尿布，换上就舒服啦。”

（5）换好后亲亲宝宝：“换好啦，真舒服啊。”

本周问答

1. 宝宝只有抱着才能入睡怎么办?

1~2个月的宝宝要抱着睡或者陪着睡，是正常的生理要求，宝宝从母体内出来后需要一个安全的环境，需要母亲的爱抚。不要着急，观察和了解宝宝困倦要睡的状态表现，等宝宝困了再放宝宝到床上，逐渐帮宝宝养成良好的睡眠习惯。3个月后就应该培养宝宝独立入睡的能力。

2. 宝宝突然抽搐是病吗?

（1）小婴儿神经发育不完善，易受外界环境刺激引起惊跳反射，表现为身体突然的抖动，这是正常反应。

（2）宝宝出生时有窒息、颅内出血、新生儿缺血缺氧性脑病，之后反复出现肢体抖动，或抖动时眼神短暂呆滞，应带去医院检查。

宝宝像谁呢

在这页贴上爸爸、妈妈和宝宝的照片比较一下吧！

扫码看制作示范

宝宝出生

第 8 周

宝宝的表现

/ 对观察到的表现打钩 /

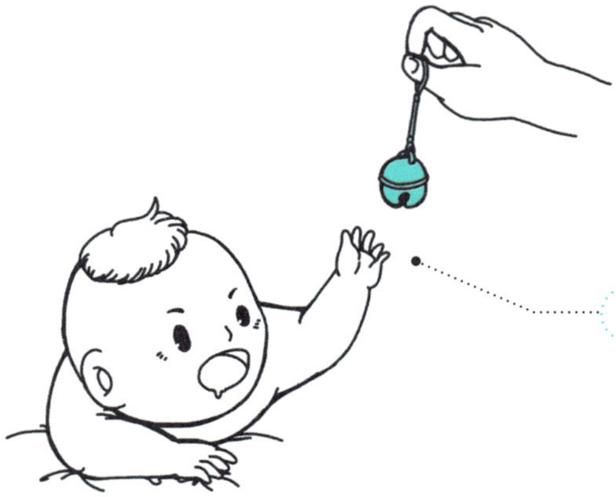

抬头已经比较稳了，

小手可以张开了

本周重要事项

/ 列出待办事项，完成后打钩 /

本周育儿感受

在家使劲闹腾.一出门就秒睡.

哈哈哈

	Mon 星期一 月　日	Tue 星期二 月　日
0		
1		
2		
3		
4		
5		
6		
7		
8		
9		
10		
11		
12		
13		
14		
15		
16		
17		
18		
19		
20		
21		
22		
23		

养育关注点

/ 列出待办事项，完成后打钩 /

/ 补充 /

- 户外活动注意外出时间，注意不要暴晒，保护宝宝的视力和安全，冬季以室内活动为主。
- 和宝宝一起看黑白图卡，以刺激视觉发育。
- 和宝宝玩抓抓小玩具的游戏，发展手部抓握与触觉感知能力。
- 足月、无明显健康问题的宝宝暂不需要额外补充铁剂。

Wed 星期三 月　日	Thu 星期四 月　日	Fri 星期五 月　日	Sat 星期六 月　日	Sun 星期日 月　日

本周生活

户外活动安全贴士

（1）带宝宝出去玩，1天2～3次，开始时间短一些，10分钟左右为宜，逐渐延长时间至30分钟、1个小时。

（2）夏天阳光强烈，可选择早晚外出，并选择合适的遮阳帽，避免晒伤宝宝的皮肤和眼睛。

（3）冬季避开早晚寒冷，选择有阳光、稍温暖些的时间外出，并注意保暖。

（4）勿让宝宝的面部被阳光直射，避免视力损伤。

（5）手推车尽量放置为水平状态，稍微有一点角度也可以。

本周游戏

1. 看黑白图卡

（1）宝宝清醒且较愉悦时，父母拿出脸谱类的图卡告诉宝宝："我们看卡片啦。"

（2）将图卡放置在宝宝眼睛20厘米左右距离处，轻轻说："笑了！笑了！"

（3）让图卡停留2～3秒左右，换一张，轻轻说："哭了！哭了！"

（4）看3～4张图卡即可，结束时说："宝宝，我们看完啦，明天再看吧。"

扫码看演示

2. 给宝宝抓抓小玩具

（1）选择小摇铃等抓握玩具。

（2）轻摇小摇铃，让宝宝听到声音。以小摇铃轻触宝宝的手掌，待宝宝握住后说："宝宝，抓住小铃啦。"

（3）根据宝宝的情绪确定游戏持续的时间。

本周问答

宝宝需要补充铁吗？

母乳是宝宝最好的食物，营养丰富。足月、无明显健康问题的宝宝生后 120 天内不需要额外补充铁剂，一般 6 个月左右开始添加铁强化米粉。早产儿、双胎或有特殊疾病的宝宝需在医生指导下补充铁剂。

妈妈给宝宝的一封信

妈妈在这页写下想对宝宝说的话吧，例如祝福、期望！

扫码看制作示范

宝宝出生

第 9 周

宝宝的表现

/ 对观察到的表现打钩 /

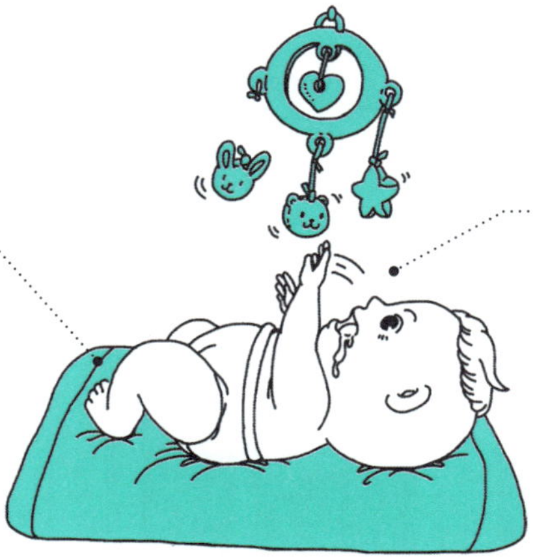

和宝宝说话时，可能会动胳膊动腿，并会发出“叽里咕噜”的声音来回应

小手能抓握东西一段时间

本周重要事项

/ 列出待办事项，完成后打钩 /

脊髓灰质炎疫苗第 1 针（出生后满 2 个月）

本周育儿感受

宝宝正在努力练习抬头，越来越有力了！

	Mon 星期一 月 日	Tue 星期二 月 日
0		
1		
2		
3		
4		
5		
6		
7		
8		
9		
10		
11		
12		
13		
14		
15		
16		
17		
18		
19		
20		
21		
22		
23		

养育关注点

/ 列出待办事项，完成后打钩 /

/ 补充 /

- 上班后也要坚持母乳喂养，未来得及按时哺乳时，代养人要安抚好宝宝情绪，可以喂水或者抱一抱宝宝，喂给他储存的母乳或配方奶。
- 玩“烤面包”的游戏，刺激宝宝的前庭感官。
- 经常让宝宝拍打小玩具，可促手眼协调。
- 尽量避免让宝宝吃“迷糊奶”。

Wed 星期三 月 日	Thu 星期四 月 日	Fri 星期五 月 日	Sat 星期六 月 日	Sun 星期日 月 日

本周生活

五招化解母乳喂养新挑战

有些妈妈可能面临上班后无法坚持母乳喂养的情况，也有些妈妈出现奶水不足的现象，但应尽可能坚持母乳喂养。

（1）保持妈妈的营养摄入均衡和充足，保证休息充足，以确保奶量。

（2）如果是当天食用的母乳，可将母乳挤出放入冰箱保鲜；如果不是当天饮用的母乳，需要放入冰箱冷藏以保障妈妈上班后的母乳喂养需要。

（3）前奶蛋白质丰富，后奶脂肪富足，两者缺一不可。因此，喂奶时，一定要一侧乳房的奶先喂完，再换另一侧乳房，如此宝宝才能真正吃饱。

（4）虽然两餐间隔时间比以前会长一些，但依然可以按需哺喂，也可以逐渐过渡按时哺喂，不能添加辅食。

（5）未来得及喂奶时，代养人要安抚好宝宝情绪，喂储存的母乳或配方奶。

本周游戏

扫码看演示

1. 烤面包

（1）把大毛巾毯平铺在床上，让宝宝躺在毛巾毯中央并和父母对视交流。

（2）父母分别抓住毛巾毯两端并轻轻抬起，速度极其缓慢、幅度很小地左右摇晃毛巾毯，同时说：“烤面包、烤面包，烤了一个大面包。”

（3）观察宝宝情绪，如表现得舒适、愉悦，可反复玩 3~5 次。

（4）以后可以稍稍增大晃动的幅度及速度。

扫码看演示

2. 拍打小玩具

（1）用结实的线绳把小红球、拨浪鼓、毛线球或其他轻质的物品悬挂在宝宝上方。

（2）用语言逗宝宝：“看，小红球，宝宝拍拍它！”悬挂物处于宝宝刚好能伸手碰到但是又不能抓住拽下来的位置为宜。宝宝会不断拍打，伸手够物。

（3）可以每过几分钟就换一件小玩具，以保持宝宝的兴趣。

（4）不要长时间将小玩具悬挂在宝宝的上方。

本周问答

1. 母乳喂养的宝宝出现了湿疹怎么办?

6个月之内原则上应坚持母乳喂养，即使宝宝出现一些湿疹，但食欲及生长状况良好的话，可以继续坚持母乳喂养。但妈妈应规避一些会导致湿疹加重的食物。如果宝宝的湿疹非常严重，出现溃烂、出血等现象且生长状况不良的话，建议及时就医。配方奶喂养的湿疹宝宝，也建议去医院接受过敏源检查及医生的喂养指导。不建议家长直接使用羊奶粉或豆奶粉。

2. 宝宝吃“迷糊奶”怎么办?

“迷糊奶”指的是宝宝在半入睡状态才肯喝奶。避免“迷糊奶”可以试试以下几种方法：（1）确认宝宝饿了，再喂奶；（2）提前一点时间让宝宝吃奶（若每天九点睡，八点就给他吃，这样就不会一边吃一边睡）；（3）睡前吃饱，唱摇篮曲帮助宝宝入眠。宝宝迷糊时不喂奶，清醒的时候喂。

宝宝出生

第10周

宝宝的表现

/ 对观察到的表现打钩 /

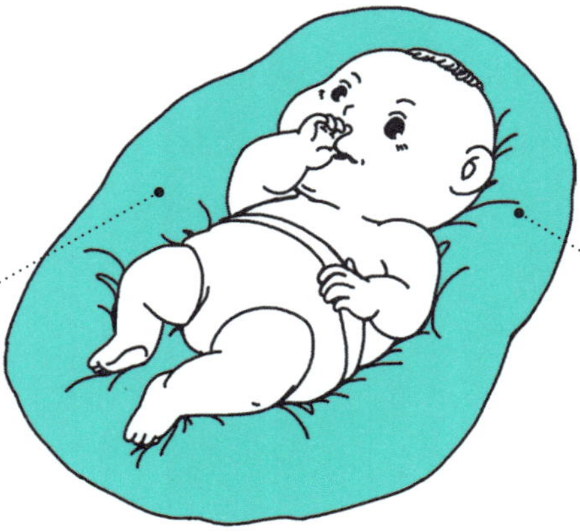

对不同种类的物品，如软软的布玩具、牙胶及自己的小拳头等，都很有兴趣

正在通过看、听和触摸了解身边的世界

本周重要事项

/ 列出待办事项，完成后打钩 /

本周育儿感受

小家伙，能不能让你妈妈睡一个整觉呢？

	Mon 星期一 月 日	Tue 星期二 月 日
0		
1		
2		
3		
4		
5		
6		
7		
8		
9		
10		
11		
12		
13		
14		
15		
16		
17		
18		
19		
20		
21		
22		
23		

养育关注点

/ 列出待办事项，完成后打钩 /

/ 补充 /

- 通过建立睡觉程序等帮助宝宝睡个好觉。
- 制造各种有趣的声音让宝宝听听、找找，刺激宝宝的听觉发展。
- 让宝宝听听、看看、抓抓发声的小玩具，锻炼他的听觉视觉与手部动作协调。
- 和宝宝同床睡应注意避免挤压到宝宝。
- 注意宝宝睡姿以确保安全。

Wed 星期三 月　日	Thu 星期四 月　日	Fri 星期五 月　日	Sat 星期六 月　日	Sun 星期日 月　日

本周生活

六法帮助宝宝睡好觉

（1）帮助宝宝把睡觉这件事与固定的睡觉场所联系起来，建立稳固的睡觉程序，如洗澡、按摩、讲故事等。

（2）在宝宝困了但还没睡着时，把宝宝放到床上，轻轻拍宝宝并唱摇篮曲。

（3）帮宝宝区分白天与夜晚。到了晚上，可以开始建立睡前程序：洗温水澡、换睡衣、唱催眠曲、轻拍宝宝、关上卧室灯。

（4）区别对待白天的小睡。可以试试用和晚上不同的睡觉场所等方式，让宝宝知道白天睡觉与晚上不一样。

（5）区分夜间和白天的吃奶。夜间喂奶应该保持安静，而白天喂奶则可多跟宝宝交流。

（6）给宝宝“过渡物品”，如沾上“妈妈的气味”的毯子等。夜里惊醒时，周围有妈妈的气味，会让宝宝感到安心，有助于重新入睡。

本周游戏

扫码看演示

1. 奇怪的声音从哪来

（1）找一些揉捏后能发出声音的材料，如玻璃纸或小摇铃等。

（2）在宝宝旁边坐下或躺下，先在宝宝头部左侧上方轻轻捏响玩具，等待宝宝听到声音后转头寻找。

（3）再变换到其他方向弄出另一种声响让宝宝寻找。

（4）把发声的东西放到宝宝手里，帮宝宝自己弄响。

（5）重复这个游戏，看宝宝是否在观察自己的手，或好像意识到是自己弄出了声响。

扫码看演示

2. 小玩具在响，抓住它

（1）在宝宝头部一侧上方轻轻捏响小玩具，等待宝宝转头寻找并发现它。

（2）慢慢移动玩具，吸引宝宝视觉追随，并以小玩具点触同一侧的小手，刺激宝宝张开手抓住。

（3）在宝宝的双手反复玩这个游戏，宝宝会逐渐可以主动伸手去抓小玩具。

本周问答

1. 和宝宝同床睡应注意什么?

宝宝应尽量单独睡小床。因为大人呼出的废气会影响宝宝的呼吸质量。如果必须和宝宝同床睡的，应注意以下几点:

（1）选择合适的大床。

（2）床垫清洁安全、被褥轻而少，保暖但不能太热。

（3）大人不能紧挨着宝宝睡，也不要把他独自留在床上，防止因挤压或枕、被蒙住而造成的窒息。

（4）如父母有睡眠障碍、疾病或抽烟喝酒后，不要和宝宝同睡。

（5）父母的想法应一致，妈妈不要因宝宝而忽略了爸爸的感受。

2. 宝宝趴着睡觉安全吗?

自从美国发起“仰卧睡觉”运动以来，每年发生婴儿猝死综合征的数量大幅减少。一般大人会把宝宝仰躺着放下睡觉，但即使这样，有些宝宝还是会自己翻身换成不同的姿势，或侧或趴。可以把宝宝翻回仰躺着的姿势，以免宝宝俯卧通气不畅时无臂力撑起。

（注：因为对婴儿该有怎样的睡眠姿势有不同说法，我们尽量避免因一种绝对说法引起不同争论或错误理解。）

爸爸给宝宝的一封信

爸爸在这页写下想对宝宝说的话吧，例如祝福、期望！

扫码看制作示范

第
3
月

宝宝出生

第 11 周

宝宝的表现

/ 对观察到的表现打钩 /

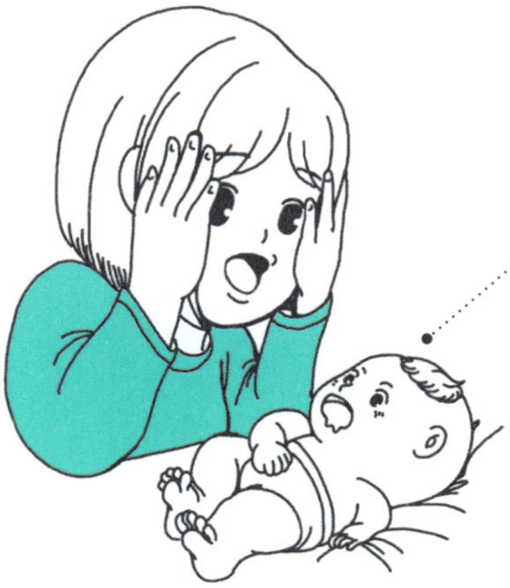

会发出“咕咕唧唧”的声音来表达自己的情绪，也是在锻炼自己的发音器官，这是很有意义的表现

本周重要事项

/ 列出待办事项，完成后打钩 /

本周育儿感受

	Mon 星期一 月 日	Tue 星期二 月 日
0		
1		
2		
3		
4		
5		
6		
7		
8		
9		
10		
11		
12		
13		
14		
15		
16		
17		
18		
19		
20		
21		
22		
23		

养育关注点

/ 列出待办事项，完成后打钩 /

/ 补充 /

- 带宝宝外出要准备好各类必需品。
- 和宝宝一起看彩色图片，刺激他的视知觉发育。
- 出去玩要多和宝宝讲话，引导他观察新景物。
- 保持宝宝皮肤清洁，让他穿天然纤维的衣服，减少对皮肤的刺激，缓解湿疹。
- 如果宝宝便秘，要寻找便秘的原因。

第3月

Wed 星期三 月 日	Thu 星期四 月 日	Fri 星期五 月 日	Sat 星期六 月 日	Sun 星期日 月 日
	宝宝出门半小时			宝宝出门半小时

本周生活

带宝宝外出巧准备

（1）检查随身包：带好尿布、湿纸巾、替换衣服、水瓶和其他所有可能需要的用品。

（2）出门之前，搞清楚宝宝推车、宝宝背带等用品的使用方法。

（3）第一次外出别去太远或者没去过的地方，也尽量不要在外面待太长时间。

（4）如果可能，让家人或者其他亲戚朋友一块去，以便需要的时候互相帮忙。

（5）第一次带宝宝出门别想干太多事。如果临时出了意外，也别太焦虑。

本周游戏

1. 看看彩色图片

（1）在宝宝餐后或睡前每天相对固定的时间，准备 3 ~ 4 张宝宝身边常用物品的实物彩色照片。

（2）出示一张图片，距离宝宝眼睛 20 厘米左右，对他说：“宝宝看，拨浪鼓、拨浪鼓。”

（3）让图片停留 2 ~3 秒，换另一张图片。

（4）以后可以逐渐增加每次看图片的数量到 5~10 张。

扫码看演示

2. 叽叽咕咕说不停

（1）带宝宝去小区或附近的公园玩。

（2）将宝宝脸朝外抱着或 45° 角仰卧放在小推车里，使宝宝能看到四周景物。

（3）一边走，一边指着具体的物品和宝宝说：“这是一朵花，宝宝看见了吗？”等待宝宝看一会儿，再继续向前走。

（4）一路和宝宝指指说说、停停走走。

本周问答

1. 宝宝出现了湿疹怎么办?

（1）保持宝宝的皮肤清洁和湿润，每日给宝宝洗澡，水温控制在36℃～38℃之间，时间控制在5～10分钟，每周用一两次适合宝宝的防过敏浴液。浴后，趁皮肤还湿润时赶快涂润肤品。

（2）给宝宝穿棉质等天然纤维的衣服。

（3）使用温和、无香味、适于敏感皮肤的洗涤用品清洗宝宝的衣服及用品。

（4）不要让宝宝骤冷骤热。

（5）避免宝宝经常搔抓自己。

（6）湿疹严重时建议咨询皮肤科医生。

2. 如何解决宝宝的便秘问题?

宝宝便秘可能由以下几个原因造成:

（1）吃配方奶或者添加辅食的初期可能会引起便秘。最好坚持母乳喂养，辅食添加要遵循少量、逐渐、一种到多种的原则。

（2）肠蠕动较慢也可能引起便秘，可多让宝宝俯卧位抬头，同时进行腹部顺时针按摩。

（3）疾病引起便秘。如果宝宝排便困难影响食欲，最好带他去看医生，以便确诊。

宝宝出生

第12周

宝宝的表现

/ 对观察到的表现打钩 /

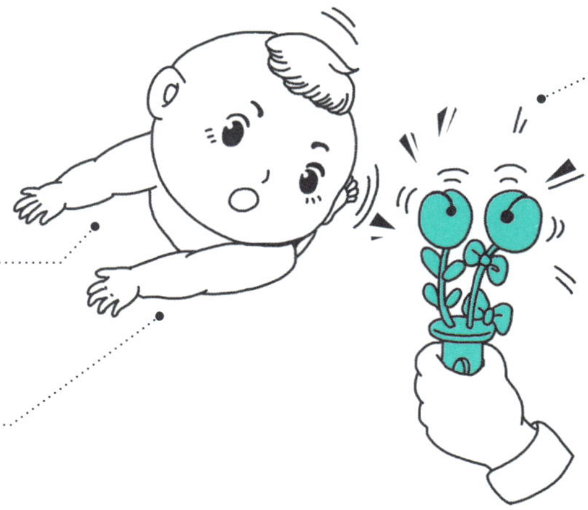

趴着的时候能抬头

开始为翻身做准备

肩膀能离开床（地）面到处看了

本周重要事项

/ 列出待办事项，完成后打钩 /

本周育儿感受

	Mon 星期一 月　日	Tue 星期二 月　日
0		
1		
2		
3		
4		
5		
6		
7		
8		
9		
10		
11		
12		
13		
14		
15		
16		
17		
18		
19		
20		
21		
22		
23		

养育关注点

/ 列出待办事项，完成后打钩 /

/ 补充 /

- 可以给宝宝准备牙胶，让宝宝自己咀嚼，缓解出牙的不适感。
- 让宝宝趴在晃动的瑜伽球上，锻炼抬头及上肢力量。
- 经常给宝宝做被动操，并注意频率、氛围、做操的时间等。
- 经常逗引和协助宝宝练习翻身。

Wed 星期三 月 日	Thu 星期四 月 日	Fri 星期五 月 日	Sat 星期六 月 日	Sun 星期日 月 日
			宝宝今天翻身了，太棒了！	

本周生活

护理宝宝牙床

有些发育快的宝宝可能在 3 个月时就有出牙的不适症状，如流口水等，这时可以给宝宝准备牙胶，让宝宝自己咀嚼缓解。

本周游戏

1. 在瑜伽球上

（1）准备一个充气瑜伽球。

（2）让宝宝脸朝下趴在球上，用手稳稳地扶在他身体一侧的肋骨处，然后扶着他前后或左右滚动。

（3）开始时动作舒缓、幅度小。

（4）按照节奏先前后 4 下，再左右 4 下。

（5）密切观察宝宝情绪，如他感到紧张勿持续，过一段时间再玩。

2. 宝宝被动操（1~4 节）

此套操可促进宝宝体格及神经系统发育。

（1）宝宝仰卧，家长双手握住他的手腕，把拇指放在他的手掌内让他握拳，两手放在他两侧。

（2）第 1 节扩胸运动：①宝宝两手左右分开，向外平展，与身体成 90°，掌心向上；②两手胸前交叉；③同①动作；④还原。重复两个八拍。

（3）第 2 节屈肘运动：①向上弯曲宝宝左臂肘关节；②还原；③向上弯曲宝宝右臂肘关节；④还原。重复两个八拍。

（4）第 **3** 节肩关节运动：①握住宝宝左手由内向外作圆形的旋转肩关节动作，重复四拍；②握住宝宝右手做同样的动作，重复四拍。

（5）第 **4** 节上肢运动：①宝宝两手左右分开，向外平展与身体成 **90°**； ②两手向前平举，两掌心相对，距离与肩同宽 ；③两手胸前交叉；④两手向上举过头，掌心向上，动作轻柔；⑤还原。重复两个八拍。

本周问答

1. 给宝宝做被动操时有哪些注意事项?

被动操适用于 **2～6** 个月的宝宝，是很好的亲子游戏。

（1）坚持每天给宝宝做 **1~2** 次被动操。

（2）根据宝宝的月龄和体质，循序渐进，在睡醒或洗完澡时，宝宝心情愉悦的状态下进行。若宝宝不愿意做，不要强迫进行。

（3）做操时宝宝应少穿，所穿衣服要宽松、质地要柔软，使宝宝全身肌肉放松。

（4）给宝宝做操的动作要轻柔而有节律，可配上音乐。

2. 如何帮助宝宝学习翻身?

在天气允许或创设合适的室内温度条件下，让宝宝着少量衣服，然后仰卧或俯卧在床或地垫上。家长站在宝宝身体一侧，用响铃玩具逗引宝宝，让宝宝自己翻身。如果宝宝不能自己完成，家长可以抓住宝宝的一条腿帮助宝宝翻身。如果宝宝仍旧无法成功，再轻轻地推一下宝宝的肩膀，助宝宝一臂之力，然后再把宝宝翻回到最初的姿势。这个过程每天可重复若干次。

宝宝出生

第 13 周

- ◯ 竖抱时头可直

自检表

/ 对观察到的表现打钩 /

宝宝快满 3 个月了，请为他作个阶段性测试吧！

如果他大部分符合以下表现，那可得恭喜您！

- ◯ 会将拳头放进嘴里

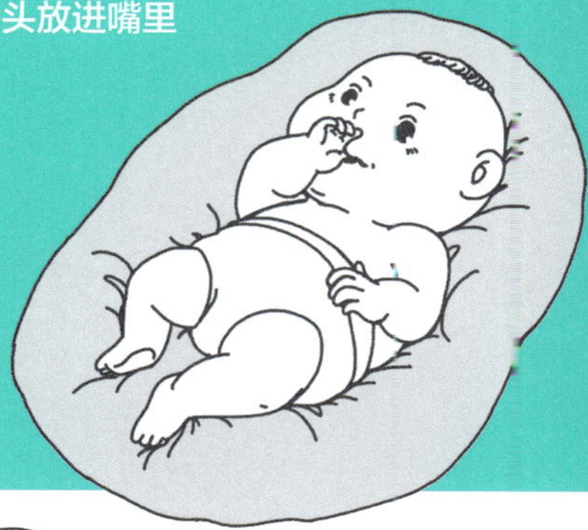

- ◯ 注视人、物时间较长

- ◯ 对人声或发声的玩具有兴趣、有反应

第3月

俯卧时用双臂撑起，抬头稳

能从仰卧变为侧卧

小手已张开，
能用手摸东西

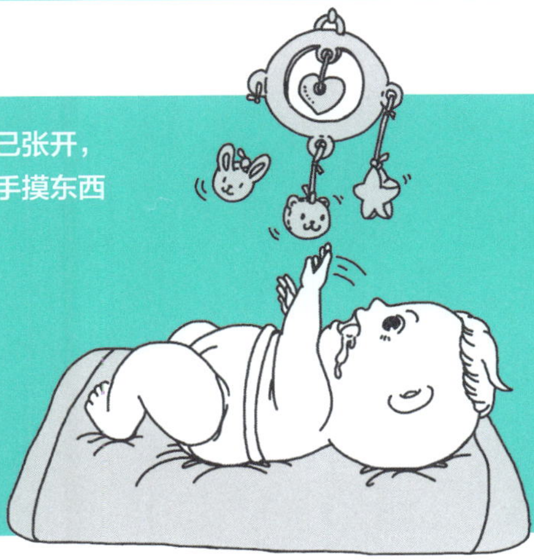

自发微笑，
笑出声音

如果宝宝3个月时完全符合如下表现，建议进一步咨询专业人员：

- 仰卧位时无法抬起头
- 对铃声、人声等没有反应
- 不会注意人脸，不会微笑

宝宝长牙记录

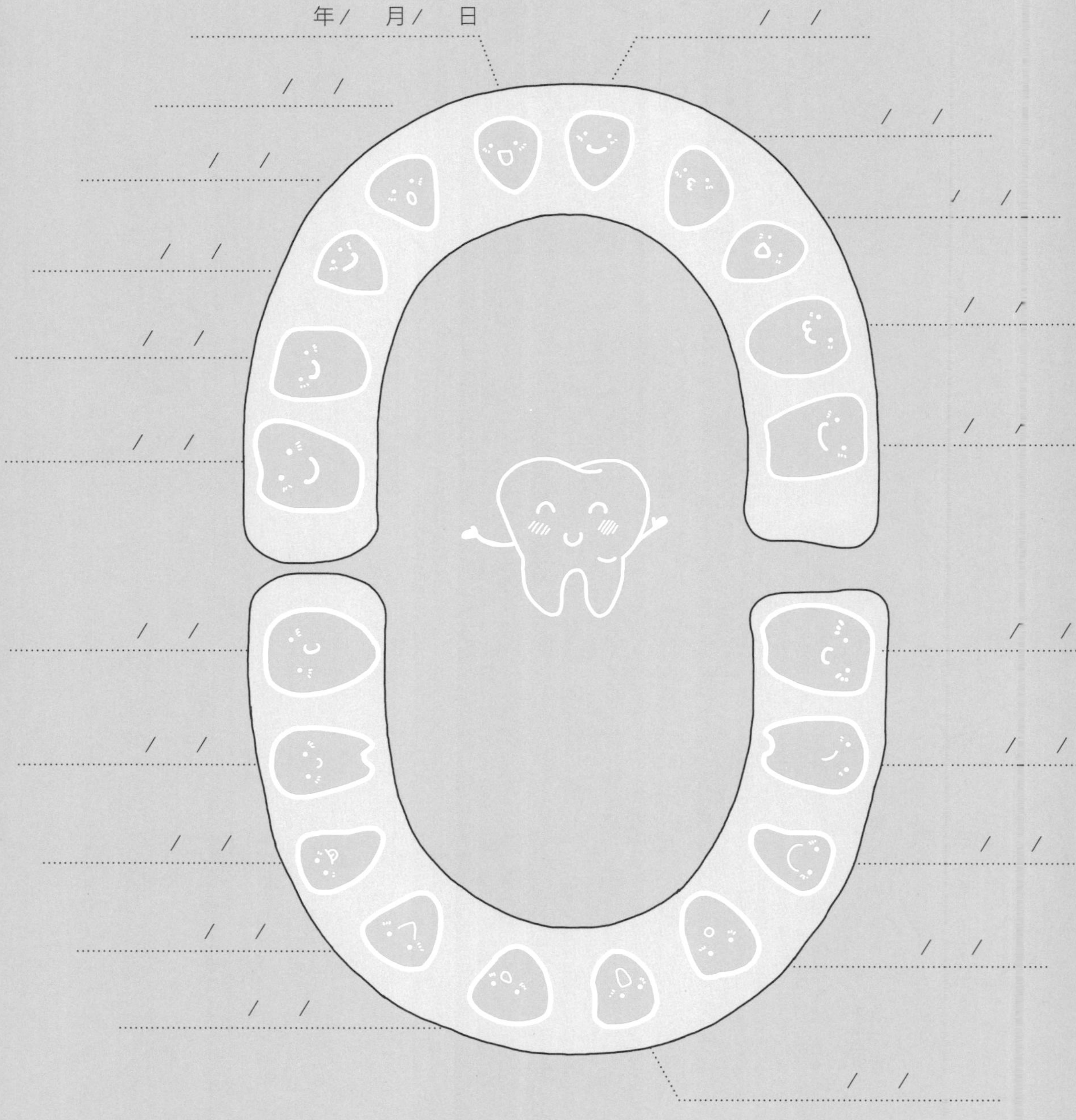

填上宝宝长出牙齿的时间

出牙时间表

6 个月：
长出下颌的一对正中切牙

8~10 个月：
长出上颌的一对正中切牙

10~12 个月：
长出上颌紧贴中切牙的一对侧切牙

10~14 个月：
长出下颌紧贴中切牙的一对侧切牙

1 岁：
宝宝有 8 颗牙齿了

宝宝出牙时的症状

流口水

吮吸手指、咬奶嘴

牙龈发红、变肿

不想吃东西

脾气变得暴躁

晚上易哭

喜欢粘着妈妈

发烧

牙齿清洁方法

出牙前的保护

- 宝宝长牙前或者乳牙刚萌出的时候，父母应在喂奶后或睡觉前把用温热水浸湿的消毒纱布卷在手指上，轻擦宝宝口腔各部分粘膜和牙床，以去掉残留在口腔内的乳凝块。
- 如果觉得每天清理比较麻烦或担心操作不当损伤口腔粘膜，睡前或进食后给宝宝喂少许开水也会有事半功倍的效果。

出牙期的清洁

- 洁牙工具仍可延用未长牙时使用的纱布、纱布巾、棉签或海绵棒，也可以开始选择合适的乳牙刷，刷头要够小，刷毛要够软。市场上还有专门的指套式牙刷，也可以用来清洁牙齿。
- 早晚两次用指套式牙刷沾温水做清洁。
- 特别是入睡前，一定要做口腔清洁。
- 6 个月后的宝宝半夜已经无需加奶。白天喂好奶后再喂一两勺温水。

/ 由于宝宝发育速度有差异，以上信息仅供参考。/

宝宝出生

第14周

宝宝的表现

/ 对观察到的表现打钩 /

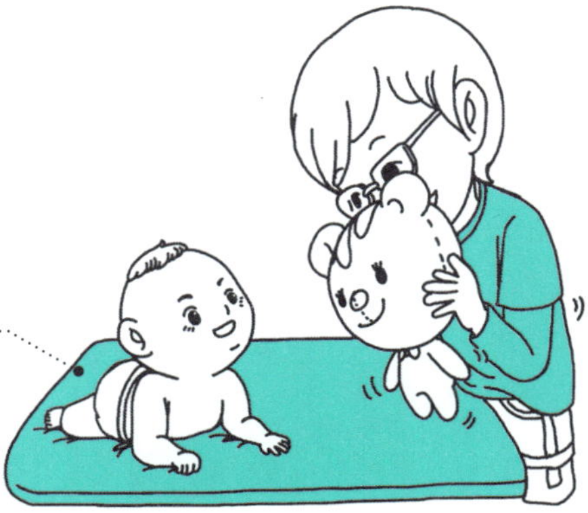

可能会从躺着的姿势翻滚成趴着的姿势，或者从趴着翻成躺着

本周重要事项

/ 列出待办事项，完成后打钩 /

脊髓灰质炎疫苗
第 2 针
（出生后满 3 个月）

百白破疫苗
第 1 针
（出生后满 3 个月）

本周育儿感受

Mon 星期一 月　日	Tue 星期二 月　日

养育关注点

/列出待办事项，完成后打钩/

/补充/

- 为方便宝宝活动，要选择全棉材质、方便穿脱、弹性好且舒适的衣物。
- 继续给宝宝做被动操，促进体格发育。
- 经常给宝宝够物翻身的练习机会，增强宝宝四肢及颈背部肌肉的力量。
- 循序渐进，让宝宝逐渐愿意趴着玩。
- 妈妈要上班了，需要为宝宝储备一些母乳，安抚宝宝，帮助宝宝减缓分离焦虑，做好情绪上的适应准备。

第4月

Wed 星期三 月 日	Thu 星期四 月 日	Fri 星期五 月 日	Sat 星期六 月 日	Sun 星期日 月 日

宝宝今天离开妈妈也没哭，
当妈的心里有点小失落！

本周生活

舒适衣物有助宝宝活动

宝宝开始练习控制自己的身体了，可为宝宝选择上下身分开的衣服，便于宝宝翻身活动。此外，为宝宝选购衣物时还需注意以下几点：

（1）选择全棉材质。

（2）选择方便穿脱的衣物，如上衣不要套头穿的，下装的胯部易打开、方便换尿裤。

（3）选择有弹性且裤腰宽松的裤子。

（4）没把握时，宁愿选择较大尺寸的简单的款式。

（5）出于安全考虑，尽量避免宝宝的衣物上有小配件。

本周游戏

1. 宝宝被动操（5~8节）

（1）第5节踝关节运动：①宝宝仰卧，家长左手握住宝宝的左踝部，右手握住宝宝的左足前掌；②足尖向上屈曲踝关节；③足尖向下伸展踝关节；④换右足做相同动作。重复两个八拍。

（2）第6节下肢伸屈运动：①宝宝仰卧，两腿伸直，家长双手握住宝宝的两个小腿，交替伸展膝关节，做踏车样动作；②左腿屈缩到腹部；③伸直；④右腿屈缩到腹部、伸直。重复两个八拍。

（3）第7节举腿运动：①宝宝两下肢伸直放平，家长两手掌向下，握住宝宝的两膝关节；将两下肢伸直上举90°；②还原。重复两个八拍。

（4）第8节翻身运动：①宝宝仰卧，家长一手扶住他的胸腹部，一手垫于宝宝的背部；②帮助宝宝从仰卧转体到侧卧；③从侧卧转体到俯卧；④从俯卧再转体到仰卧。重复两个八拍。

扫码看演示

2. 够物翻身练习

（1）夏季，在宝宝洗澡前脱光宝宝的衣服，让宝宝有一段毫无束缚的活动时间。其他季节，可将室温控制在24℃左右，让宝宝只穿很少的衣服。

（2）在宝宝身体一侧用宝宝喜欢的玩具逗引宝宝，同时说：“宝宝，来拿呀。”

（3）宝宝侧身够物时，可以辅助翻身并表扬宝宝：“宝宝好用力啊，翻过来了。”

本周问答

1. 宝宝不愿趴着玩，总要抱，怎么办？

对于这时期的宝宝，趴也是“重体力劳动”。起初，可以每天只让宝宝趴一小会儿；趴着时，家长最好也躺下或坐在宝宝的身边逗宝宝玩、和宝宝说话，让宝宝有安全感；慢慢延长宝宝每次趴着玩的时间。

2. 妈妈开始上班了，应做些什么准备让宝宝适应？

（1）提前安排好照顾宝宝的人，应和妈妈至少有半个月的共同带养经历作为过渡期，以便互相熟悉。

（2）母乳喂养且上班后白天不能喂的妈妈要让宝宝开始尝试奶嘴。

（3）用吸奶器提前将富足的母乳吸出。

（4）了解工作单位对于员工喂奶时间的规定，调整心态，做好上班前的状态转换。

（5）母乳喂养期间不要烫发、染发。

（6）外出回来时和宝宝打招呼：“宝宝，妈妈回来喽。”

宝宝 100 天了

在这页贴上宝宝 100 天时的照片吧！

扫码看制作示范

第
4
月

宝宝出生

第15周

宝宝的表现

/ 对观察到的表现打钩 /

喜欢吃手，还会抓起小脚丫啃

本周重要事项

/ 列出待办事项，完成后打钩 /

本周育儿感受

Mon 星期一 月 日	Tue 星期二 月 日

养育关注点

/ 列出待办事项，完成后打钩 /

- 要为宝宝选择有认证标志的、正规厂家生产的玩具，且要定期曝晒、清洁。
- 让宝宝抓游戏架上悬挂的小玩具，促进手眼协调发展及上臂力量。
- 洗澡时，让宝宝蹬蹬水花，有助于小腿力量发展。
- 这个阶段的宝宝吃手是正常现象，这是宝宝认识世界的重要途径，无需太担心，要给予理解和尊重，并适当满足。
- 临床研究表明，过早把尿无助于宝宝自主排尿习惯的养成。
- 注意宝宝因情绪变化带来的不适，用温和简单的话语和宝宝交流。

/ 补充 /

第 4 月

Wed 星期三 月 日	Thu 星期四 月 日	Fri 星期五 月 日	Sat 星期六 月 日	Sun 星期日 月 日
况宝宝今天哭闹了一天，当妈的好心疼				

本周生活

1. 玩具安全与清洁

（1）宝宝玩玩具时要有人看管。

（2）确保玩具适合宝宝的发育水平。

（3）玩具体积不能太大，也不能太小，要比宝宝张开的嘴巴大，避免给宝宝玩含小部件和配件的玩具。

（4）给宝宝玩的毛绒玩具应制作精良，没有松动的毛发和小部件，边角光滑圆润，缝合结实，上面不应有扣子、细绳、丝带或任何其他宝宝能拽下来塞进嘴里的东西。

（5）玩具上不能有长度超过 15 厘米的线绳。

（6）购买正规厂家生产的安全玩具。欧洲生产的玩具有“CE”认证标志，国产玩具有“3C”认证标志。

（7）塑料、布制、木制玩具均用肥皂水浸泡，冲洗后置于太阳下暴晒。

（9）毛绒玩具可装入大塑料袋中，倒入粗盐，封紧塑料袋，上下左右来回晃动清洁，也可用洗衣粉清洗后暴晒。

2. 温馨交流与安抚

（1）宝宝因饥饿导致的哭闹要及时安抚。

（2）宝宝哭闹厉害难以安抚时，要检查是否有身体不适，必要时就医。

本周游戏

扫码看演示

1. 抓抓游戏架上的小玩具

（1）在游戏架上悬挂摇响玩具或丝巾等物品。

（2）宝宝躺着，将游戏架放在他的胸前，玩具与宝宝的距离以伸手能抓住为宜。

（3）轻轻触碰玩具，对宝宝说：“宝宝，摇铃在响哦。”逗引宝宝伸手抓和把玩。

2. 蹬水花

（1）在浴盆或婴儿浴缸里放入 10 ~ 15 厘米深的水。

（2）让宝宝仰面躺在水里，用手托住他的头，让他的脸和耳朵露在水面外。注意不要让宝宝脸上溅上水。

（3）多数宝宝都喜欢在水里的感觉，一旦发现自己的腿制造出水花四溅，会更加开心和用力踢水。

本周问答

1. 宝宝爱吮大拇指怎么办？

对这个时期的宝宝而言，宝宝吃手是认识世界的良好开端，家长无需太担心，但要注意以下几点：

（1）及时清洁宝宝的小手和宝宝能接触到的玩具、物品。

（2）玩具和物品必须安全卫生。

（3）为防止宝宝长大后依然留有吃手的习惯，不要让宝宝在睡觉时吃手，并要注意多与宝宝交流，防止宝宝因缺少爱抚只能通过吃手的方式自我慰藉。

2. 给宝宝把尿有意义吗？

把尿能帮助宝宝建立条件反射，也能减少使用纸尿裤或清洗尿布的次数，从这些角度看有一定意义。但是，大部分宝宝在 1.5~2 岁之间，膀胱才能憋住尿，才能在需要上厕所时，接受到身体发出的感觉信号，并提前告诉家长。到那个时候，宝宝才准备好了，也意味着可以对宝宝进行真正的大小便训练。从临床经验来看，没有明显例证可以证明过早把尿能帮助宝宝养成自主排尿的习惯。

宝宝出生

第16周

宝宝的表现

/ 对观察到的表现打钩 /

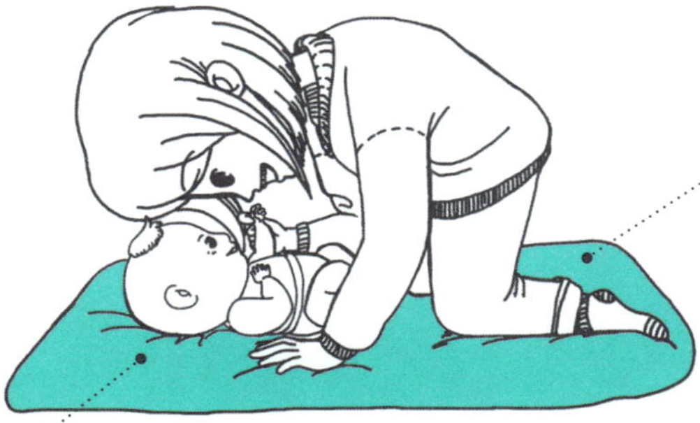

开始发出一些能分辨出来的声音，如“DADA”

喜欢别人和自己逗着玩，模仿和重复对宝宝的脑部发育很关键

本周重要事项

/ 列出待办事项，完成后打钩 /

本周育儿感受

宝宝越来越爱吃手，有时恨不得整只手塞进嘴里，会不会不卫生呢？明天换只安抚奶嘴试试，希望宝宝喜欢。

Mon 星期一 月 日	Tue 星期二 月 日

养育关注点

/ 列出待办事项，完成后打钩 /

/ 补充 /

- 宝宝会翻身前后要防止摔落，掌握应对摔伤的方法。
- 轻声念唱童谣《亲亲手呀》，和宝宝逗着玩，让宝宝感知节奏。
- 给宝宝讲《蹦》的故事，刺激宝宝发音及时回应宝宝的咿呀声和各种情绪。
- 适当地给宝宝使用安抚奶嘴，不会影响宝宝的口腔发育。
- 注意预防宝宝缺铁性贫血。

第4月

Wed 星期三 月 日	Thu 星期四 月 日	Fri 星期五 月 日	Sat 星期六 月 日	Sun 星期日 月 日

本周生活

会翻身前后防摔落

千万不要把宝宝一个人留在没有围栏的床或沙发上。

这段时期宝宝正忙着练习控制自己的身体活动，尽管宝宝可能还不会翻身，但宝宝会不断地尝试移动身体。这可能会使宝宝逐渐移动到床边，也可能在刹那间就学会了翻身，但也存在跌落的风险。

本周游戏

1. 童谣《亲亲手呀》

（1）把宝宝抱在怀中，握住宝宝的一只小手。边轻声念唱边吻亲宝宝的小手："亲亲手呀（吻），亲亲手呀（吻），妈妈亲亲小手呀（吻）。"

（2）念到最后时说："好香哦。"

（3）换宝宝的另一只手，重复一次。

扫码看演示

2. 共读纸板书《蹦》（或类似书）

让宝宝反复聆听和宝宝无意识常发出的音"Bu"非常相似的音节，能够刺激他发音。

（1）把纸板书《蹦》放在距宝宝眼前 20 ~ 30 厘米处。

（2）指着封面对宝宝说："青蛙"。

（3）向上快速翻一页，说书中出现的字"BENG"。

（4）依次翻页，根据页面上的内容说动物名称，然后说"BENG"。

（5）每天可固定一个时间与宝宝共读，如餐后或临睡前，宝宝会逐渐形成共读的生活规律。

本周问答

1. 如何预防宝宝缺铁性贫血?

（1）宝宝若是早产儿或低体重儿，患缺铁性贫血的概率会更高。可咨询医生看是否需要给宝宝服用铁补充剂。

（2）在宝宝满 1 周岁前，坚持母乳喂养或选用强化铁的配方奶，不建议给宝宝喝鲜牛奶。

（3）辅食添加时可选择强化铁的米粉，然后逐渐添加富含铁的食物。

（4）多给宝宝吃富含维生素 C 的水果和蔬菜，如猕猴桃等。

2. 宝宝第一次从床上翻滚下来该怎么办?

（1）勿惊慌，抱起宝宝的动作不要过猛，避免发生其他伤害。观察宝宝是否受到损伤。

（2）宝宝摔下后若马上大哭，则脑部受伤的可能性一般较小。

（3）宝宝若面朝下摔，一般危险性较小。

（4）摔后两日内尽量让宝宝多休息、少活动。如两日内他的精神一直很好、食欲正常，就可以完全放心了。

（5）出现以下几种情况应立即带宝宝去医院:

- 头部有出血性外伤。
- 摔后没有哭，出现意识不够清醒、半昏迷嗜睡的情况。
- 摔后两日内，出现了反复性呕吐、睡眠多、精神差或剧烈哭闹的情况。
- 摔后两日内，出现了鼻部或耳内流血、流水、瞳孔不一等情况。

宝宝 0~1 岁亲子阅读建议

宝宝一般的阅读表现	阅读物类型	阅读物说明
0~4 个月：只能用耳朵听或用眼睛看	图卡	画面简单，轮廓清晰，色彩对比鲜明
4~6 个月：对抓书、咬书和听故事同样感兴趣	纸板书	采用厚卡纸制作，圆角设计，安全易翻；越早期越适合给宝宝出示实物照片
6~8 个月：可以专注地听故事，喜欢乱翻书	富含象声词的图画书	象声词声音方便牙牙学语期的宝宝模仿，并获得自我认同的愉悦感
8~12 个月：会帮着父母在阅读中有序地翻页	体现亲情的图画书	无文字说明，仅通过画面宝宝也可理解
	有简单情节的图画书	

给家长的建议	书目举例	活动页码
放在距离宝宝眼睛 20～30 厘米处，让宝宝能看到	《小婴儿视觉刺激图卡》	70
用磨牙的玩具转移宝宝咬书本的兴趣		86
无须提问也不要急于教宝宝认识书上的物品。宝宝若喜欢，可以再讲一遍	《没了，没了，啪！》	146
允许宝宝随意翻书，家长不要因此放弃朗读	《快出来快出来》	128 / 186
可以指点着书，教宝宝辨认书上的物体；可以将图画书的乐趣迁移到现实中	《是谁的肚脐眼》	225
每天可固定一个时间共读，如餐后或临睡前，宝宝就会形成共读规律	《蹦！》	108
读完后，随着故事的情绪，模仿着书上的情节和宝宝玩，例如和宝宝脸贴脸、亲一亲	《连在一起》	204
阅读时，按照图画书文字，把书中重复出现的象声词，例如“喔—唷，喔—唷”这样的文字用力地读出来	《一步一步，走啊走》	262

宝宝出生

第17周

宝宝的表现

/ 对观察到的表现打钩 /

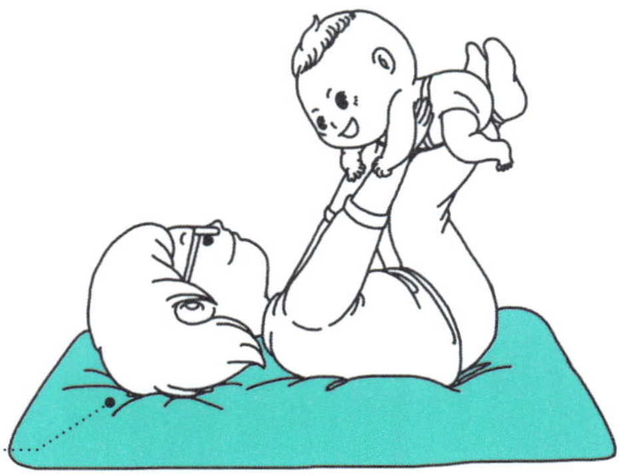

在人群中或与不熟悉的人在一起时，会将视线更多转向熟悉的人

本周重要事项

/ 列出待办事项，完成后打钩 /

本周育儿感受

宝宝胃口越来越大了，
今天一顿吃了180ml

Mon 星期一 月 日	Tue 星期二 月 日

养育关注点

/ 列出待办事项，完成后打钩 /

/ 补充 /

- 建立规律的睡前程序，帮助宝宝一夜好眠。
- 和宝宝玩“飞得高高”的游戏，刺激宝宝的前庭平衡、增加背肌力量，同时也让宝宝体验运动的快乐、加深亲子情感。
- 经常和宝宝玩“蒙脸捉迷藏”的游戏，刺激宝宝的视觉发展，让宝宝在游戏中体验快乐
- 建议 6 月龄起在母乳喂养基础上添加辅食。

第4月

Wed 星期三 月　日	Thu 星期四 月　日	Fri 星期五 月　日	Sat 星期六 月　日	Sun 星期日 月　日

本周生活

试着建立睡前程序

（1）建立固定的睡前程序，每天晚上都照此执行的话宝宝很快就会习惯持续、有规律的睡前常规了。

（2）睡前程序通常包括给宝宝洗个澡、穿上睡衣、讲个故事、拥抱等。

（3）让宝宝知道自己的小床是很舒适的小窝，而不是到了睡觉时间被父母“遗弃”的地方。所以，轻轻地拍宝宝，为宝宝唱摇篮曲，直至宝宝入睡。

（4）独立睡眠习惯的养成没有特殊方法，唯有坚持每天完成这些睡前程序。

本周游戏

1. 飞得高高

（1）在地毯上或床上坐起来，两膝弯曲，让宝宝的肚子靠在成人的小腿上。

（2）稳稳地扶住他，家长的身体向后躺到地板上，同时把自己的双腿慢慢抬起到空中。

（3）这时，家长的小腿应该与地面平行，而宝宝则舒服稳妥地趴在上面。

（4）一边说着“飞机飞，飞呀飞，飞走啦”，一边继续把宝宝抬到空中。根据自己的体力和身体技巧，家长可以向前后左右各个方向运动双腿，让腿上的宝宝向各个方向“飞翔”，然后慢慢把宝宝放下来，平稳“降落”。

2. 蒙脸捉迷藏

扫码看演示

（1）妈妈和宝宝面对面，当着宝宝的面用纱巾蒙住脸，问宝宝：“宝宝、宝宝，妈妈呢？”

（2）撤掉或帮助宝宝一起扯掉妈妈脸上的纱巾，宝宝会很开心。

（3）把纱巾蒙在宝宝脸上，说：“宝宝呢？宝宝不见啦！”引导宝宝自己把纱巾扯掉。

本周问答

扫码看演示

宝宝四个月了，要不要添加辅食？

中国卫生部 2007 年印发的《婴幼儿喂养策略》中明确指出：母乳是 0 ~ 6 个月婴儿最合理的“营养配餐”，它能提供 6 个月内婴儿所需的全部营养。建议 6 月龄起在母乳喂养基础上添加辅食。混合喂养和人工喂养的宝宝的辅食添加不早于 4 个月。

宝宝出生

第18周

宝宝的表现

/ 对观察到的表现打钩 /

如表现出烦躁，或看起来累了，就让他躺下来

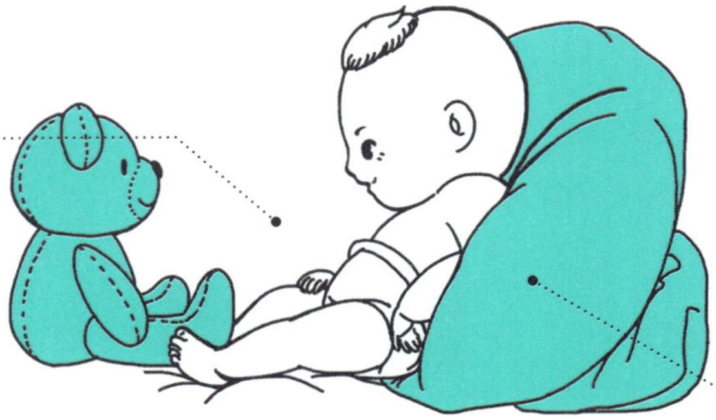

尚不能独坐，可以用稳固而柔软的东西支撑着帮助坐稳

本周重要事项

/ 列出待办事项，完成后打钩 /

脊髓灰质炎疫苗 第3针 （出生后满4个月）

百白破疫苗 第2针 （出生后满4个月）

本周育儿感受

没有什么比看到宝宝的微笑更开心的了！

Mon 星期一 月 日	Tue 星期二 月 日
宝宝今天第1次吃辅食，米糊2匙，还挺喜欢吃的！	

养育关注点

/ 列出待办事项，完成后打钩 /

/ 补充 /

- 这个阶段的宝宝一天可睡 14 小时，可根据母乳喂养规律及室内外活动时间等来安排宝宝的一日作息，并可以开始考虑减少喂夜奶的次数。
- 试着鼓励宝宝感受和练习从躺到坐的变化。
- 让宝宝踢踢悬吊的大球，促进眼脚协调。

第5月

Wed 星期三 月 日	Thu 星期四 月 日	Fri 星期五 月 日	Sat 星期六 月 日	Sun 星期日 月 日

本周生活

一日作息要点提示

（1）母乳仍应是宝宝最主要的营养来源。母乳确实不足，可适当添加配方奶。

（2）宝宝一天可睡 14 个小时，夜间一次可睡 4~6 小时，醒的次数也在减少。

（3）宝宝白天睡两觉，在醒着时，多进行户外活动，亲子游戏很重要。

本周游戏

1. 坐起来吧

（1）宝宝躺在大靠垫上。

（2）家长抓住靠近宝宝头部的靠垫两角，轻轻拉起靠垫，直到宝宝从平躺到靠坐。

（3）如果宝宝腰部力量较强，可让宝宝拉住家长的大拇指，靠自己的力量进行由躺到坐的练习。

2. 踢踢悬吊的大球

（1）准备一只轻质吹气球，装在红色的网兜里。

（2）让宝宝躺着。

（3）以球逗引宝宝，确认宝宝看到了球后，将球慢慢移到宝宝的小脚处。

（4）过程中注意宝宝的视线是否一直追随着球。

（5）如宝宝一直看着球，则以球去触碰他的脚。多次反复后，宝宝会慢慢抬起脚来碰碰球。

本周问答

宝宝夜里喝几次奶为宜？

每个宝宝都不一样，并无统一要求。但现在这个阶段可以考虑减少喂夜奶的次数，从减少一次开始做起，夜间的连续睡眠对宝宝的生长发育很重要。

爸爸给妈妈的一封信

养育是父母共同完成的一件辛苦事，爸爸在这页写下想对妈妈说的话吧！

扫码看制作示范

第
5
月

宝宝出生

第19周

宝宝的表现

/ 对观察到的表现打钩 /

看到物品，会主动伸手去拿取

听到自己的名字，能转过头去，朝声音方向寻找

本周重要事项

/ 列出待办事项，完成后打钩 /

本周育儿感受

现在成了一个"口水娃"，是不是宝宝快长牙了？

Mon 星期一 月　日	Tue 星期二 月　日

养育关注点

/ 列出待办事项，完成后打钩 /

/ 补充 /

- 有的宝宝开始出牙了，可以通过按摩、咀嚼等方法缓解宝宝的出牙不适，口水多的话要注意轻轻擦拭。
- 让宝宝尝试抓可移动的玩具，促进手眼协调。
- 多让宝宝趴着找滚动的彩色瓶，练习视觉追踪及颈背肌等部位的力量。
- 宝宝开始喜欢扔东西了，这是宝宝探索和学习手部控制的重要方式，家长要给予支持理解，并提供可扔物品支持宝宝的兴趣需要。

Wed 星期三 月　日	Thu 星期四 月　日	Fri 星期五 月　日	Sat 星期六 月　日	Sun 星期日 月　日

本周生活

两招缓解宝宝出牙不适

（1）给宝宝可以咀嚼的东西，如磨牙器。

（2）给宝宝口腔一些凉的感觉，如把磨牙器冰一下，这样也会使宝宝感觉舒服一点。

本周游戏

1. 找找牵线小玩具

（1）宝宝靠坐在家长怀中。

（2）面前放置牵线小玩具，家长牵线将小玩具慢慢往一个方向拖动，同时对宝宝说："咦，小玩具动啦！宝宝抓住它！"

（3）移动玩具的速度不要太快，以宝宝一直能追随注视着玩具移动为宜；移动距离以宝宝伸手能抓到玩具为宜。

（4）视宝宝的情绪愉悦度，确认是否反复玩。

2. 趴着找滚动的彩色瓶

（1）将饮料瓶洗净，包上红色纸条，在瓶口系上一根绳。

（2）宝宝趴在大床或地毯上，家长趴在宝宝的身边，滚或拖动这只瓶，同时对宝宝说："宝宝，看，小瓶在转哦！它滚到哪里去啦？"

（3）滚动瓶子的速度以宝宝能一直视线追随它为宜。

（4）每次往不同的方向滚瓶子，逗引宝宝向不同方向看。

本周问答

1. 宝宝口水太多怎么办?

这个时期宝宝的口水增多，很可能和唾液腺发育与出牙有关。可参考“两招缓解宝宝出牙不适”来做，同时也要轻轻地为他及时擦拭口水，保持干燥，避免出现面部湿疹。

宝宝出生

第20周

宝宝的表现

/ 对观察到的表现打钩 /

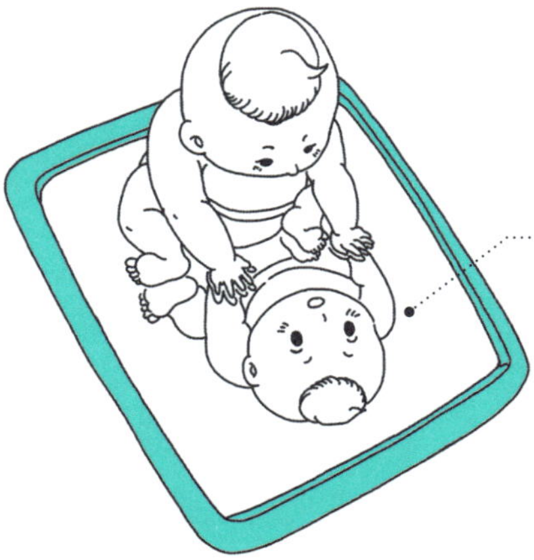

对新鲜事物的好奇心在不断增长，唱歌、制造一些有趣的声音，或者只是简单地带出去走走都会为宝宝带来愉快感

本周重要事项

/ 列出待办事项，完成后打钩 /

本周育儿感受

宝宝看到镜子里的自己笑了！

Mon 星期一 月 日	Tue 星期二 月 日

养育关注点

/ 列出待办事项，完成后打钩 /

/ 补充 /

- 宝宝腿部力量渐强，要预防他从床上或怀中跌落、被床栏杆卡住脚等意外的发生。
- 和宝宝一起读有指认内容的图画书，多和宝宝指指、说说。
- 和宝宝出去玩时要多看多说，有助于让宝宝学会指认并促进亲子交流。
- 可以为这个阶段的宝宝选择摇铃、健身架、磨牙环等玩具。

第5月

Wed 星期三 月 日	Thu 星期四 月 日	Fri 星期五 月 日	Sat 星期六 月 日	Sun 星期日 月 日

本周生活

腿部力量渐强，防意外小贴士

（1）不要单独将宝宝留在没有护栏的床上，防止跌落。

（2）检查小床的栏杆，最好使用布围栏，以防宝宝的脚伸入但不能灵活抽出而被卡到。

（3）抱宝宝时要留意他因突然用力蹬而从怀抱中跌落。

本周游戏

1. 共读《快出来快出来》（或类似书）

阅读这本具有趣味性的小书可以增进宝宝的愉悦感，并提高宝宝指指认认的兴趣。

（1）选择每天睡前或洗澡后的固定时间，让宝宝靠坐在怀中。

（2）伴随着“快出来！快出来”的欣喜语气，一页一页边指边读给宝宝听。

（3）可以一开始把翻页的动作做得很慢，再突然翻页揭示答案，就像露出了一个久藏着的宝贝。这样，阅读的过程变成了一场有趣的游戏，宝宝会觉得情绪愉悦。

扫码看演示

2. 出去玩，一边走一边说

（1）告诉宝宝准备出门了。

（2）一边走，一边指着周边的植物、路牌等解释给宝宝听：“宝宝，这是花花很漂亮！这是大树，我们摸摸树干，呀，很糙哦。”

（3）自然地向路边经过的人打招呼，同时向宝宝介绍：“宝宝，这是叔叔哦，我们和叔叔打个招呼吧，嗨！”

本周问答

给宝宝玩什么玩具好?

可以选择以下几种:

(1)轻巧的摇铃:因为宝宝喜欢制造声响,若摇铃是透明的,宝宝还能看到是什么在发出声音。

(2)活动健身架:这种挂着可摇晃、会发声、可拉扯的玩具横杆可以安装在宝宝座椅或推车上,宝宝可以随时“研究”且自娱自乐。

(3)磨牙环:当宝宝牙龈疼痛时,让宝宝咬着一个柔软的橡胶环很管用。

(4)可供宝宝趴着玩的垫子。

宝宝出生

第21周

宝宝的表现

/ 对观察到的表现打钩 /

会表现出对照顾者的依赖感。例如如希望被抱的时候会伸出手来；照顾者离开房间的时候会哭

本周重要事项

/ 列出待办事项，完成后打钩 /

本周育儿感受

每天哄宝宝睡觉都是一件体力活儿！

Mon 星期一 月 日	Tue 星期二 月 日

养育关注点

/ 列出待办事项，完成后打钩 /

/ 补充 /

- 坚持每日给宝宝抚触，可增强宝宝的安全感，注意动作要轻柔。
- 和宝宝一起看相册聊妈妈，让宝宝熟悉家人并逐渐理解称谓。
- 玩手指谣游戏，帮助宝宝感受节奏，并通过手指抚触促进亲子情感。
- 安抚出现夜惊现象的宝宝并寻找原因。

第5月

Wed 星期三 月 日	Thu 星期四 月 日	Fri 星期五 月 日	Sat 星期六 月 日	Sun 星期日 月 日

本周生活

扫码看演示

坚持抚触六步曲

（1）头面部：从宝宝的前额中心处用双手拇指往外推压，在下额同样用双手拇指推压向耳前划出一个微笑状。

（2）胸部：双手放在宝宝两侧肋缘，右手向右斜上方滑向宝宝右肩，复原。左手以同样方法进行。

（3）腹部：按顺时针方向按摩宝宝腹部。

（4）上肢：宝宝双手下垂，用一只手捏住他的胳膊，从上臂到手腕部轻轻挤捏；用四指按摩宝宝的手背，用拇指从宝宝的手掌心按摩至手指。

（5）下肢：按摩宝宝的大腿、膝部、小腿，从大腿至踝部轻轻挤捏；用拇指从脚后跟按摩足心至脚趾。

（6）背部：双手平放于宝宝背部脊柱两侧，从颈部向下按摩至骶尾部。

本周游戏

扫码看演示

1. 看相册聊妈妈

（1）将妈妈的照片放在相册里。

（2）打开相册，与宝宝说话：“宝宝，我们一起看看相册里是谁？”

（3）指着妈妈的照片说：“是妈妈哦。妈妈在对着宝宝笑呢。”

（4）可以暂停一会儿，让宝宝看看身边的妈妈，对宝宝说：“相册里有妈妈的照片，宝宝的妈妈在这里呢。”

（5）每天让宝宝看看相册，并逐渐在相册中增加爸爸等其他家人的照片。

2. 手指谣《有条小虫虫》

（1）宝宝躺着或坐着，家长在宝宝对面。

（2）家长伸出两个食指，有节奏地念：“两条小虫虫”，并随节奏反复弯曲食指。

（3）继续念：“爬上你的腿。”食指随节奏从宝宝小腿轻触至大腿。

（4）反复念第一、二句两遍。

（5）最后说：“要咬你的肚皮，咬你的嘴。”随节奏轻捏宝宝的肚子和嘴巴，逗笑宝宝。

本周问答

1. 宝宝夜惊，睡不踏实怎么办？

有些宝宝睡觉会有夜惊现象。宝宝夜惊时，家长最好坐在宝宝旁边轻抚，等宝宝平息下来，同时要了解宝宝是否身体不适。白天过度疲劳或上床时过度兴奋、睡眠不规律，都会造成宝宝夜惊，应注意避免。

2. 和宝宝游戏时应注意什么？

这时期的宝宝会和成人互动，力量也在逐渐增强，成人越来越喜欢逗弄宝宝并和宝宝游戏，切忌不要随意、大力晃动宝宝。在玩举高高游戏时，一定要先看看上方有无物品，避免宝宝碰撞，也要防止宝宝跌落。

妈妈给爸爸的一封信

养育是父母共同完成的一件辛苦事，妈妈在这页写下想对爸爸说的话吧！

扫码看制作示范

宝宝出生

第22周

宝宝的表现

/ 对观察到的表现打钩 /

能自如地翻身，可能会跟着音乐舞动四肢、摇头晃脑

可以坐起来了，但不能坐稳，身体会向前倾倒

本周重要事项

/ 列出待办事项，完成后打钩 /

百白破疫苗第 3 针（出生后满 5 个月）

本周育儿感受

宝宝能抓着妈妈的手慢慢坐起来啦！

Mon 星期一 月　日	Tue 星期二 月　日

养育关注点

/ 列出待办事项，完成后打钩 /

/ 补充 /

- 规律的睡觉时间和固定的睡前程序有助宝宝睡整夜觉。
- 玩包春卷的游戏，可帮助宝宝感受节奏，继续练习翻身，要根据宝宝的情绪安排游戏的次数与时长。
- 经常让宝宝坐着玩游戏架，可增强宝宝腰背力量。
- 给宝宝听重复、熟悉的音乐，不要频繁更换，熟悉的事物会让宝宝倍感安全。

Wed 星期三 月 日	Thu 星期四 月 日	Fri 星期五 月 日	Sat 星期六 月 日	Sun 星期日 月 日

第6月

本周生活

让宝宝睡整夜觉的妙招

（1）做好两项准备，让宝宝形成规律的睡觉时间和建立固定的睡前程序。

- 在宝宝困了但还未睡着时，把宝宝放到床上。
- 和宝宝道晚安，轻拍他，让宝宝感受到舒适和关爱，直到入睡。

（2）采取循序渐进的步骤，家长一开始坐在宝宝的小床边上，在接下来的几个晚上逐渐远离一点，如坐在房间中央、坐在门口等。

（3）慢慢地，宝宝能够自己入睡了，但是夜间还是会醒来吃奶，夜间喂奶时应保持安静。

（4）大于 6 个月的宝宝半夜醒来吃奶，多半不是因为饿，而是出于习惯。可以在宝宝还迷迷糊糊的时候拍拍他，轻轻告诉他，现在是睡觉时间。当然，要保证宝宝睡前吃奶充足。

本周游戏

1. 包春卷

（1）宝宝平躺在浴巾上，身体与浴巾长边垂直，靠近浴巾的一端。

（2）把宝宝慢慢裹进浴巾里，同时念儿歌："包呀包呀包春卷，包了一个大春卷。"一边随节奏裹一边帮助宝宝翻身。

（3）有节奏地念儿歌："翻呀翻呀翻春卷，翻出一个小宝宝。"随节奏反向轻推帮助宝宝翻身，直到宝宝从浴巾里出来。

2. 坐玩游戏架

（1）宝宝坐在床上或地垫上，身后放置靠垫或者由家长坐在宝宝侧面，用一条腿防护宝宝向后仰倒。

（2）将游戏架放到宝宝的面前，一边摇上面的发声小玩具，一边逗宝宝："宝宝，好听的声音哦，宝宝也可以弄出声音哦。"

（3）可变换游戏器上玩具的悬挂位置促使宝宝扭动腰部去够取。

（4）如果宝宝向后方或侧边倒下，就让宝宝休息一会儿，过一会儿再坐起来玩。

本周问答

1. 宝宝还不会翻身怎么办?

每个宝宝的发展速度不同，不用太着急。经常把宝宝放下来，趴着玩一会儿，再用玩具等逗引宝宝自己够着拿，慢慢宝宝就会翻身了。但如果宝宝到 6 个月大时还不会任何一种形式的翻身（不管是仰卧翻成俯卧，还是俯卧翻成仰卧），而且也没有表现出对其他活动方式的兴趣，最好带他去医院检查一下。

2. 给宝宝听的音乐要注意变换吗?

这一时期，建议多让宝宝重复听熟悉的音乐。宝宝喜欢熟悉的事物，可以让宝宝产生安全感、愉悦感，重复听熟悉的音乐有利于培养宝宝倾听的习惯。

宝宝出生

第23周

宝宝的表现

/ 对观察到的表现打钩 /

喜欢把玩具放到嘴里，或者扔到地上听响声

可以抓住递过来的小东西，还能试着用两手协作捧住东西

本周重要事项

/ 列出待办事项，完成后打钩 /

本周育儿感受

Mon 星期一 月 日	Tue 星期二 月 日

养育关注点

/ 列出待办事项，完成后打钩 /

/ 补充 /

- 用消毒纱布、磨牙棒、指套牙刷等给宝宝按摩牙龈。
- 鼓励宝宝双手配合，用两个手的拇指和食指一起捏响玩具。
- 巧用废旧物或生活物品让宝宝敲敲打打，促进他的听觉发展与手眼协调。
- 宝宝长出第一颗牙齿的年龄会有很大差别，请勿太过担心，开始萌牙的宝宝可能会淌口水、情绪不稳，要注意体察和安抚。

Wed 星期三 月 日	Thu 星期四 月 日	Fri 星期五 月 日	Sat 星期六 月 日	Sun 星期日 月 日
			今天带宝宝出门， 邻居阿姨抱了一会儿， 他好紧张哦！	

第6月

本周生活

宝宝牙龈按摩方法

准备如下用具：白开水、消毒纱布；刺激按摩用具如磨牙棒、磨牙饼、指套牙刷。

按以下方法操作：

（1）在吃奶后或定时为宝宝清洁口腔和牙龈。先洗净双手，再用消毒纱布裹住食指，蘸白开水后，逐一清洁宝宝口腔内各部位，然后换一块纱布轻轻按摩牙龈。

（2）提供磨牙棒、磨牙饼给宝宝咬，适当的刺激可以帮助牙齿穿透牙龈。

（3）用指套牙刷帮助宝宝刷牙。

（4）自制磨牙棒：面粉加南瓜泥和面搓成长约 6 厘米、直径 1.5 厘米的长条，置入烤箱烘烤即可。

本周游戏

1. 双手配合捏响玩具

（1）给宝宝看小鸭子或其他捏响玩具。

（2）捏响玩具，同时对宝宝说："宝宝听，用力捏它就会响哦。"

（3）待宝宝将玩具拿过去后，让宝宝自由抓握把玩。

（4）捏响小玩具，让宝宝感觉到声音是从手握玩具的位置发出的。反复把玩后，他会从无意尝试渐渐理解：自己用力捏后，玩具会发出声音来，并且反复这一动作。

（5）宝宝洗澡时也可以玩这个游戏。

2. 敲敲打打听声音

（1）准备有硬纸盖或塑料盖的容器，或用几层结实的塑料保鲜膜蒙在罐头或其他圆形容器的口上并粘紧，以此做出几面小鼓。也可以直接用锅盖来玩。

（2）坐在地板上，让宝宝坐在家长两腿中间，把鼓放在宝宝的面前。

（3）用手掌、手指和掌根给宝宝演示怎样敲鼓，一边敲鼓一边用嘴发出节奏，让宝宝体验不同的节奏。

（4）给宝宝看怎样用勺子等自制的鼓槌敲响鼓的顶部和侧面，不久之后，宝宝就会自己来试了。

本周问答

宝宝怎么还不出牙?

宝宝长出第一颗牙齿的年龄会有很大差别。通常，宝宝的第一颗牙大约在他 4 ~ 6 个月左右萌出，但有些宝宝到 1 周岁时还一颗牙都没有。了解一下父母及家庭其他成员的出牙情况，看看是否遗传了出牙晚的特点。如果实在担心，也可以去医院做相关检查。

宝宝出生

第24周

宝宝的表现

/ 对观察到的表现打钩 /

能识别妈妈的声音，听到妈妈的声音会到处寻找

对外界反应越来越敏感了，听到响动会立刻扭头去看

本周重要事项

/ 列出待办事项，完成后打钩 /

本周育儿感受

Mon 星期一 月 日	Tue 星期二 月 日
今天吃米糊，宝宝迫不及待吃得满脸都是，哈哈哈	

养育关注点

/ 列出待办事项，完成后打钩 /

/ 补充 /

- 遵循从稀到稠、从细到粗的原则循序渐进地为宝宝添加辅食。
- 和宝宝共读藏找类图画书《没了，没了，啪！》，刺激宝宝的视觉发展。
- 让宝宝经常有熟悉的家人陪伴并多看家人照片，将家人称呼和照片上的形象联系起来，感受亲情和家庭爱的氛围。
- 宝宝接受小勺喂食、接受辅食的口味等都需要时间，要耐心鼓励，等待宝宝适应，勿心急。

Wed 星期三 月　日	Thu 星期四 月　日	Fri 星期五 月　日	Sat 星期六 月　日	Sun 星期日 月　日

本周生活

添加辅食五原则

坚持母乳喂养，母乳可喂至 2 岁。母乳喂养的宝宝满 6 个月可以添加辅食。

添加辅食总的原则是循序渐进，具体有以下五点：

（1）从少量到多量。

（2）从稀到稠。

（3）从细到粗。

（4）尽量不放任何调味品。

（5）忌油腻。

本周游戏

扫码看演示

1. 共读《没了，没了，啪！》（或类似书）

（1）在每天的共读时间（如晚餐后或洗澡后），抱宝宝坐在怀里，将图画书放置在距宝宝眼睛 30 厘米左右处。

（2）一边翻页，一边按书上的文字读。

（3）无需提问也不要急于教宝宝认识图画书上的物品。宝宝若喜欢，可以再讲一遍。

2. 看家人照片

（1）将家人照片打印出来，装订成可翻阅的大书。

（2）将宝宝抱坐在怀里，告诉他：“宝宝，我们看看照片吧。”

（3）指着照片上的形象说：“爸爸，宝宝的爸爸。爸爸在哪里呢？哦，爸爸不在家里，他去上班了。”

（4）和宝宝边看边说边逗趣，视宝宝的情绪确认游戏是否需要结束。

本周问答

1. 宝宝不接受小勺喂食，怎么办？

辅食应该用勺喂。对有些宝宝而言，接受小勺喂食需要过程，家长不要心急，每天坚持试一试，过一段时间就会好的。

2. 宝宝为什么不愿意吃辅食？

从纯母乳喂养到添加辅食，宝宝有个接受的过程，包括慢慢接受辅食的口味、接受用小勺喂等。每个宝宝不一样，不要去和其他宝宝做比较，有些宝宝需要一段时间才能接受辅食。刚开始添加辅食，不必太关注摄入量。让宝宝愉快用餐才是最重要的，从一点点开始，慢慢坚持。

宝宝会独坐了

宝宝会一个人稳稳地坐着了！有图有真相哦！

把宝宝在怎样的情景下，如何努力才会独坐的过程

以及父母的心情记录在这页吧！

扫码看制作示范

宝宝出生

第25周

宝宝的表现

/ 对观察到的表现打钩 /

对自己的本能需要有意识，如果不满足就会哭闹

看到陌生人会感到害怕，甚至哭闹

本周重要事项

/ 列出待办事项，完成后打钩 /

本周育儿感受

Mon 星期一 月　日	Tue 星期二 月　日

养育关注点

/ 列出待办事项，完成后打钩 /

/ 补充 /

- 宝宝的一日饮食分为经过合理安排的 5 次，其中 1~2 次提供辅食，辅食添加不应影响奶量摄入。
- 为应对贫血，可以多途径增加宝宝的铁摄入量，如添加含强化铁的泥糊状谷类食物。
- 玩膝上游戏“骑马去买糖”，帮助宝宝感受节奏，促进粗大动作等能力的发展。
- 宝宝 4 个多月起，看到陌生人会哭是很正常的现象，可通过依恋人安抚、提供安抚物等帮助宝宝保持情绪愉悦。

Wed 星期三 月 日	Thu 星期四 月 日	Fri 星期五 月 日	Sat 星期六 月 日	Sun 星期日 月 日
		爸爸下班回家陪宝宝玩，宝宝很开心！		

第6月

本周生活

添加辅食实用指南

（1）母乳或配方奶：每日 5 ～ 6 次或每日 700 ～ 800 毫升。

（2）将添加的第一种谷类食物（通常为强化铁婴儿谷物）制成泥糊状，慢慢增加浓度：逐渐从 1 汤勺增加到 3 汤勺，再增加到 5 汤勺单种谷物，可用奶调制。

（3）顺利的话，可以开始添加水果、蔬菜泥：每次 1 ～ 2 汤勺，每日 1 ～ 2 次，糊状。

（4）添加辅食应以不影响奶量摄入为前提。

（5）建议用辅食替代一次母乳或配方奶，不建议在两餐之间多加出一次辅食。

本周游戏

骑马去买糖

（1）抱宝宝坐在膝盖上，扶住宝宝的腰背部，让宝宝坐稳。

（2）一边有节奏地念儿歌，一边随节奏上下抖动双膝，和宝宝玩膝上弹跃的游戏。

（3）儿歌如下：

咚咚锵、咚咚锵，骑马去买糖；
咚咚锵、咚咚锵，糖儿一大堆；
咚咚锵、咚咚锵，宝宝笑哈哈！

本周问答

1. 亲戚朋友来玩，宝宝总是哭闹怎么办？

有些宝宝从 4 个多月起看到陌生人会哭，这很正常。亲朋好友来玩，要注意请他们不要对宝宝太热情，以免吓着宝宝，待宝宝熟悉以后再抱抱宝宝和宝宝玩。也不要因为亲朋好友来玩，随便改变宝宝的生活节奏。

2. 宝宝贫血怎么办？

一旦宝宝开始吃辅食，增加宝宝的铁摄入量是很重要的。但是，有时仅仅调整饮食还不足以纠正宝宝的贫血状况。宝宝 6 个月体检时医生会给宝宝检查血色素，请在医生指导下纠正贫血。

宝宝出生

第26周

自检表

/ 对观察到的表现打钩 /

宝宝快满 6 个月了，请为他做个阶段性测试吧！

如果他大部分符合以下表现，那可得恭喜您！

○ 自如翻身

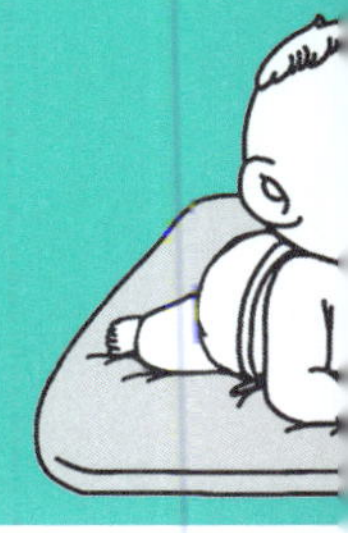

○ 能拿起面前的玩具

○ 能把手上物品塞入嘴里

○ 尝试把一只手中的物品递至另一只手

○ 会用目光寻找物品

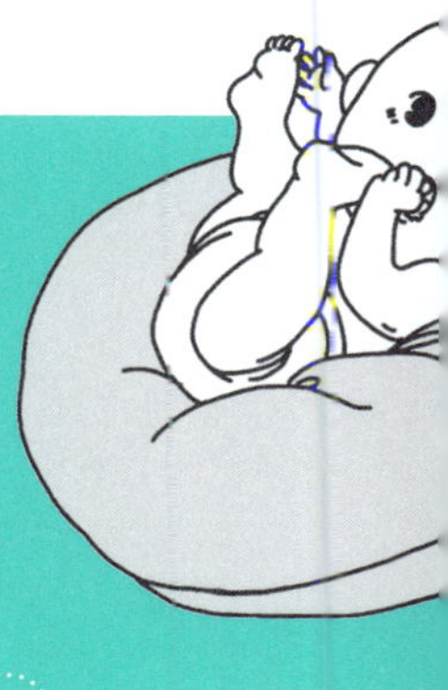

○ 听声音会转头看

被扶着时，双下肢能支撑部分体重

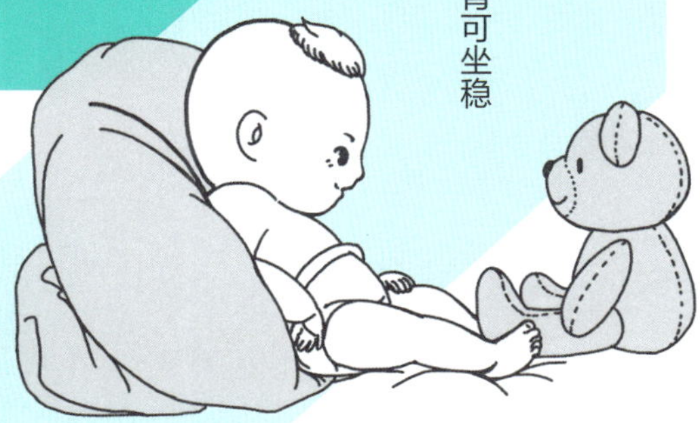

靠着椅背可坐稳

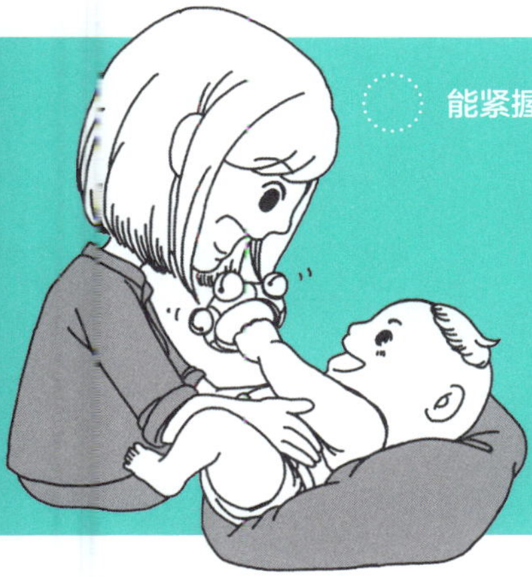

能紧握放入其手中的物品

开始发出简单音

如果宝宝 6 个月时完全符合以下表现，建议进一步咨询专业人员：

- 不会翻身
- 无法握住物品
- 视线不会跟随物品
- 不会自发微笑，笑不出声

宝宝添加辅食的时机和方法

根据世卫组织建议：婴儿在 6 个月大（180 天） 开始接受除母乳之外的补充食物。为了实现最佳生长、发育和健康，婴儿在生命的最初 6 个月应完全接受母乳喂养，即仅食用母乳。“完全母乳喂养”的界定为不喂给除母乳之外的任何食物或饮料，甚至不喂水，但允许婴儿服用滴剂和糖浆（维生素、矿物质和药物）。当然，我们要按需喂养，这个月龄段的宝宝主要还是靠乳汁喂养，添加辅食只是给宝宝的一种尝试。

通常宝宝有以下表现时，是添加辅食的最佳时机：

（1） 喂过奶后宝宝仍然看起来没吃饱。

（2） 以前可以睡一整夜，但现在半夜会醒来。

（3） 体重增加减慢。

添加辅食一般从米糊开始，可以先给宝宝喂奶，再把米糊跟足够的配方奶或母乳混合成半流质的糊糊，刚开始只要在勺尖盛一点点米糊给宝宝吃就行了。成人要尊重宝宝的感受，不要强迫。宝宝尝试和接受一种事物是需要有一个过程的，成人要有耐心，更不能放弃。如果宝宝不接受，等过段日子再试着喂喂看。辅食添加时，要遵循从单一到多样、从少到多、从稀到稠、从细到粗、从泥到碎的原则。

温馨提示：在宝宝患病时，不要添加宝宝之前从来没有尝试过的食物。

各月龄段宝宝可添加的辅食

月龄	辅食
4~6 个月	菜汤、营养米粉、水果泥、菜泥、蛋黄、鱼泥、动物血
7~9 个月	肝泥、蒸蛋、肉末、鱼虾、烂粥面、碎菜、饼干
10~12 个月	软饭、面条、馒头、碎肉、豆制品

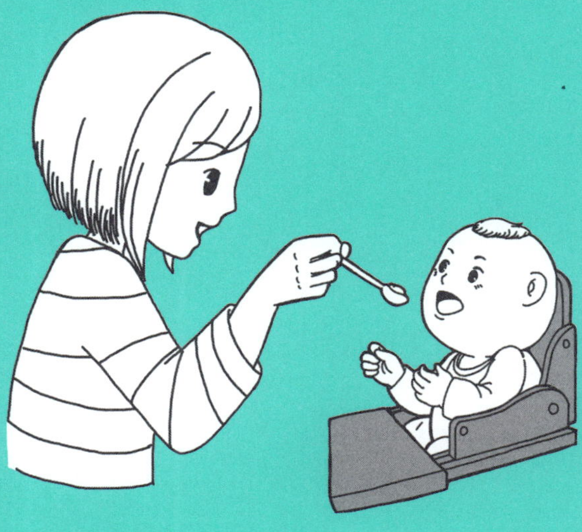

宝宝出生

第27周

宝宝的表现

/ 对观察到的表现打钩 /

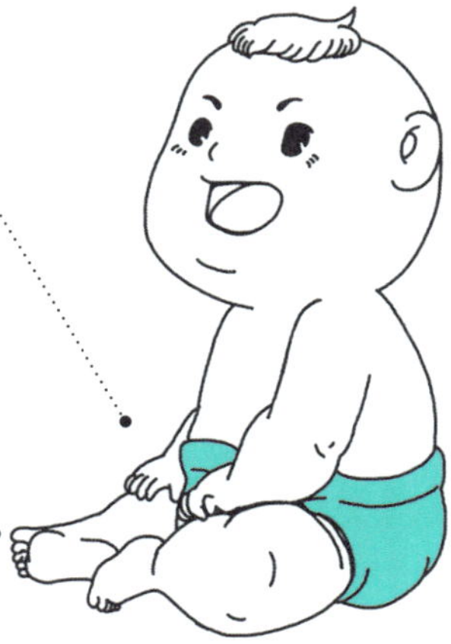

扶宝宝站在照顾者的大腿上，可能会用脚上下蹬跳

有些宝宝还会匍匐向前爬

开始能独坐一会儿了

本周重要事项

/ 列出待办事项，完成后打钩 /

乙肝疫苗
第3针
（出生后满6个月）

A群流脑疫苗
第1针
（出生后满6个月）

本周育儿感受

Mon 星期一
月　日

Tue 星期二
月　日

养育关注点

/ 列出待办事项，完成后打钩 /

/ 补充 /

- 让宝宝练习独坐，增强腰背力量。
- 为宝宝创设足够面积的安全爬行区域。
- 玩追小球游戏，逗引宝宝旋转蠕动，促进宝宝的眼手脚协调。
- 坚持每天与宝宝对话交流，刺激宝宝的语言发展。

Wed 星期三 月 日	Thu 星期四 月 日	Fri 星期五 月 日	Sat 星期六 月 日	Sun 星期日 月 日
				我家宝宝会自己坐啦！

第7月

本周生活

扫码看解说

爬行宝宝安全防护提示

7 个月的宝宝处于爬行初期，应为宝宝创设有足够面积的爬行区域，选择合适的时机俯下身来和宝宝一起玩爬行游戏。家长可以这样做：

（1）爬玩时间最好选择在宝宝餐后 2 小时，且宝宝情绪愉悦时，避免溢奶。

（2）为宝宝换上适宜爬行的衣服，将宝宝轻放在铺着垫子的地板上，和宝宝面对面趴下来，和宝宝之间有一臂的距离，既能让宝宝抬头就看到，又能在宝宝不适的时候及时安抚宝宝。

（3）轻声呼唤宝宝的名字："XX，小球在这里，爬过来吧！"如需要在宝宝身后帮助宝宝爬行时，应轻轻地推动宝宝的双脚，避免过于用力，否则宝宝可能会因为双臂不能支撑而头部下垂，造成磕伤。

（4）逗引宝宝的玩具应没有小零件，以避免宝宝误食。在家里收放好其他细小的物品，安装好家具防撞角，避免意外发生。

本周游戏

扫码看演示

追玩小球

（1）让宝宝趴在地板或地垫上，将红色海洋球放在宝宝的前方，逗引宝宝伸手够探抓取，对宝宝说："宝宝，小球在这里，抓住它"。

（2）随着宝宝灵活性的增强，可滚动变换小球的方位，如向左侧或右侧滚动等，让宝宝尝试目光追随，且以腹部为中心旋转蠕动身体够取小球，对宝宝说："小球会滚哦，宝宝用力气，挪啊挪，追小球，抓住它！"

本周问答

如何坚持每天与宝宝对话交流？

（1）将宝宝看到、听到、正在做的事情都讲给宝宝听。

（2）结合情境，多和宝宝玩道别、问候、致意等游戏。

（3）利用好生活中盥洗、更衣、睡觉、外出等各种机会和宝宝说话，描述情景事件，增强宝宝的理解能力，让宝宝逐渐把词语和物体、动作对应起来。如每次和宝宝出门前，向宝宝解释“宝宝要出去散步了，先穿好外套”等。

宝宝出生

第28周

宝宝的表现

/ 对观察到的表现打钩 /

会自己把面前的玩具拿起来，双手能各抓一个玩具

有些宝宝能把两个东西碰到一起，感觉碰撞与声响

本周重要事项

/ 列出待办事项，完成后打钩 /

本周育儿感受

宝宝冒出了第一颗小乳牙！

宝宝什么都往嘴里塞，时刻得盯着！

Mon 星期一
月 日

Tue 星期二
月 日

养育关注点

/ 列出待办事项，完成后打钩 /

/ 补充 /

- 鼓励宝宝用手抓食物吃。
- 玩“百宝箱”游戏，让宝宝把玩、感知各种物品的材质与形状。
- 啃咬玩具也是宝宝学习和成长的需要，应满足宝宝的探索欲望，但要注意卫生和安全。

Wed 星期三 月 日	Thu 星期四 月 日	Fri 星期五 月 日	Sat 星期六 月 日	Sun 星期日 月 日

本周生活

鼓励宝宝用手抓食物吃

现在宝宝可以用手抓东西吃了，这是个很重要的能力！

让宝宝坐在餐椅上，将小块的食物放进小塑料碗里，摆在宝宝的面前。家长坐在宝宝对面或者旁边，先拿起一块食物放进自己的嘴里说："宝宝像XX（妈妈）一样，自己吃。"宝宝看到家长的动作，会模仿着自己拿起食物放进嘴巴里。当宝宝放不准或者掉落的时候，家长鼓励着说："宝宝自己拿起来了，哦，掉下来了没关系，再来拿。"吃好后，帮助宝宝擦嘴、漱口，收好餐具，养成良好的进餐习惯。

推荐以下宝宝喜欢用手抓着吃的东西：

（1）O形的烤燕麦圈或馒头块。

（2）去皮的块状水果、蔬菜。应避免葡萄类的水果，容易导致窒息。

（3）煮熟的通心粉等。

本周游戏

扫码看演示

有趣的"百宝箱"

（1）准备一个布筐，将手帕、小丝巾、拨浪鼓、丝瓜筋等生活中常见的材料放入其中。

（2）让宝宝坐在"百宝箱"旁边自己玩耍。家长则坐在旁边观察宝宝是如何用眼看、用嘴尝、用手玩的。在宝宝没有明确表现出需要关心之前不要说话或打断宝宝。但当宝宝拿起物品看着家长时，应及时和宝宝互动，如对宝宝说："宝宝拿着一个丝瓜筋，丝瓜筋是毛毛的，有点扎人，对不对？"

本周问答

宝宝总是“吃”玩具，拿走玩具就哭，怎么办?

1 岁内的宝宝满足各种欲望的主要途径是口部，喜欢把什么东西都放进嘴里，这标志着宝宝手、口动作互相协调的能力已达到一定水平。啃咬玩具也是宝宝学习和成长的需要，应满足宝宝的探索欲望。建议:

（1）玩具定期消毒、曝晒，定期检查玩具是否有螺丝松动等现象，确保提供给宝宝的玩具是安全卫生的。

（2）加强宝宝手部动作的练习，鼓励宝宝用手去探索世界，将宝宝的感知探索逐步从口过渡到手。

（3）为长牙的宝宝提供磨牙棒等替代品。

宝宝出生

第29周

宝宝的表现

/ 对观察到的表现打钩 /

发音越来越多，可能会用不同的音高和音调反复地发同一个音

喜欢玩重复的游戏，特别是有语言参与的游戏

本周重要事项

/ 列出待办事项，完成后打钩 /

本周育儿感受

咿咿呀呀，宝宝你是在跟妈妈说话吗？

Mon 星期一
月 日

Tue 星期二
月 日

养育关注点

/ 列出待办事项，完成后打钩 /

/ 补充 /

- 注意护理宝宝的乳牙，奶后、餐后帮他清洁乳牙。
- 玩手指谣《有条小虫虫》，刺激宝宝的触觉发展，同时也能增进亲子交流。

Wed 星期三 月 日	Thu 星期四 月 日	Fri 星期五 月 日	Sat 星期六 月 日	Sun 星期日 月 日

本周生活

宝宝乳牙的保健

（1）哺喂母乳或配方奶之后：继续抱着宝宝，同时用小勺子喂水给宝宝，边喂边说："来，喝一小口水，漱漱口。哦，宝宝漱口了。"之后用餐巾帮宝宝擦嘴，完成对宝宝口腔的清洁。

（2）添加辅食之后：轻轻抱起宝宝，让宝宝身体稍微向后，头靠在成人的胳膊上。一边和宝宝说话，一边用干净的纱布包裹食指后沾净水。以轻柔的动作刺激宝宝的嘴唇，让宝宝自然地张开嘴巴，对宝宝说："我们来擦擦牙齿，宝宝的牙齿白白的。"完成对牙齿的清洁。

本周游戏

手指谣《有条小虫虫》

（1）伸出两手食指，随着音乐节奏，轻快地反复弯曲食指，同时说："虫虫虫虫扭啊扭。"

（2）用食指、中指交替点触在宝宝身上的相应部位，同时说："爬呀爬呀爬上腿。"

（3）弯曲手指，轻捏宝宝的肚子和嘴巴，逗笑宝宝："咬啊咬啊咬啊咬，咬咬肚子还有嘴。"

（4）根据宝宝的情绪决定是否反复玩。

本周问答

宝宝出牙了，应注意什么？

（1）从出牙开始帮宝宝养成清洁口腔的好习惯。

（2）为宝宝按摩牙龈帮宝宝缓解出牙时的牙龈不适。

（3）出牙过程中宝宝可能会出现睡眠不稳、口角流涎、咬物、吮手指、擦牙床等反应，要多抱抱宝宝，给予更多安慰。

（4）这段时间宝宝的抵抗力会稍微下降，注意预防感染，寒冷的季节应给宝宝保暖。

（5）提供橡皮磨牙环或让宝宝吃一些稍硬冷的东西，如小饼干等，这样会让宝宝感到舒服些。

宝宝出生

第30周

宝宝的表现

/ 对观察到的表现打钩 /

- 喜欢与熟悉的人交流，渴望被熟悉的人关注
- 喜欢去户外

本周重要事项

/ 列出待办事项，完成后打钩 /

本周育儿感受

Mon 星期一 月 日

Tue 星期二 月 日

养育关注点

/ 列出待办事项，完成后打钩 /

/ 补充 /

- 要保证宝宝每天有足够的户外活动时间，并做好适当的防护。
- 和宝宝玩“边走边说”游戏，促进宝宝的语言发展并增强亲子交流。
- 雨天带着宝宝外出也是一种很好的体验。

Wed 星期三 月 日	Thu 星期四 月 日	Fri 星期五 月 日	Sat 星期六 月 日	Sun 星期日 月 日
	今天带宝宝去商店，看到五颜六色的玩具，宝宝好开心！			

第7月

本周生活

宝宝户外活动要点提示

选择空气清新、阳光充足的早晨，在宝宝身体健康、情绪愉悦的情况下，可以带着 7 个月的宝贝去户外活动。可以对宝宝说：“宝宝，今天天气很好，我们一起出去散步吧。”

户外活动前的准备工作有以下几点：

（1）带好推车以及小毯子，宝宝睡着的时候可以御寒。

（2）如果是夏天，出门前帮宝宝涂抹防晒霜、带好帽子。

（3）带好生活物品：消毒湿纸巾、面巾纸、避蚊贴、旅游地毯或一次性垫子、可更换的衣服、用来冲调奶粉的冷热水、适合宝宝使用的跌打损伤防护油或创可贴等。

（4）带好环保袋，随时清理产生的各种垃圾，从小为宝宝做好环保示范。

本周游戏

扫码看演示

边走边说

（1）与宝宝一起行走的途中，可以尝试将看到的、听到的、正在做的讲给宝宝听，如看到的汽车、马路、商店、人群等。

（2）走进公园、小区，引导宝宝观察、触摸树木、花草等自然景物，对宝宝说：“宝宝，看，这是树，树皮好糙哦，宝宝用小手摸一摸。”

（3）回家途中，向宝宝复述看到的事物的名称，描述其形状、颜色、特征等。

本周问答

下雨天能否带宝宝外出玩?

只要不是下大雨或恶劣天气，雨天带着宝宝外出也是一种很好的体验:

（1）和宝宝一起打着伞，听着雨水打在伞上的声音。

（2）让雨滴落在宝宝的手上、脸上，让宝宝感受雨滴的湿润与清凉。

（3）和宝宝看看、说说雨中的花草、树木、小路和房子等。

（4）用小水桶等容器接雨滴，观察雨滴落入容器的声音和形态，看桶内的雨水由少到多的变化过程等。

宝宝会爬了

宝宝会爬了！有图有真相哦！

把宝宝在怎样的情景下，如何努力才会爬的过程

以及父母的心情记录在这页吧！

扫码看制作示范

宝宝出生

第31周

宝宝的表现

/ 对观察到的表现打钩 /

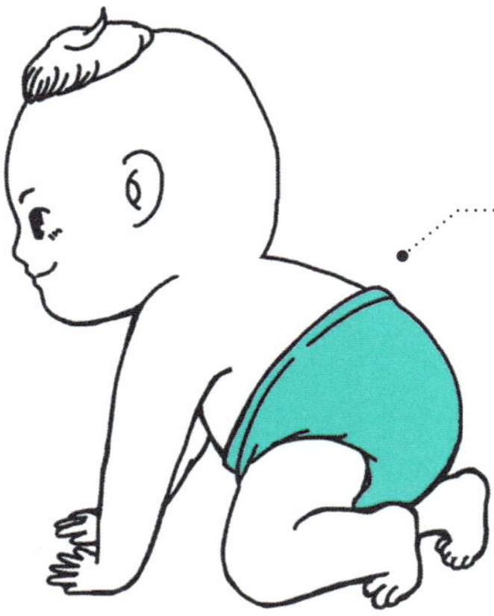

已经能够熟练地匍匐爬行了，开始了手膝爬行

本周重要事项

/ 列出待办事项，完成后打钩 /

本周育儿感受

Mon 星期一
月　日

7:00 起床
7:30 喂奶
7:45 游戏
9:30 睡觉
10:00 晒太阳
11:00 辅食、喂奶
13:00 喂奶
13:30 睡觉
16:00 起床
16:30 辅食、喂奶
17:30 洗澡
18:30 游戏
20:00 睡前儿歌
20:30 睡觉

Tue 星期二
月　日

养育关注点

/ 列出待办事项，完成后打钩 /

/ 补充 /

- 开车带宝宝外出要使用安全座椅。
- 和宝宝玩坐“被单车”的游戏，帮助宝宝练习身体平衡，提升宝宝的腰背肌力量。
- 让宝宝短时站立，促进宝宝腿部肌肉和骨骼的发育。

Wed 星期三 月 日	Thu 星期四 月 日	Fri 星期五 月 日	Sat 星期六 月 日	Sun 星期日 月 日

第8月

本周生活

宝宝外出坐车的安全防护

带宝宝外出时，要先了解乘坐交通工具的必要安全措施：

（1）自驾外出时，要将宝宝放在安全座椅上，系好安全带，对宝宝说："宝宝，坐在你的椅子上。让妈妈帮你系好安全带。"此时的对话可以帮助宝宝适应安全座椅，避免哭闹和挣脱。切记不要抱着宝宝乘车，这是非常危险的。

（2）车辆行驶过程中，应关好车门并加上防护锁。成人坐在宝宝旁边陪伴宝宝说话，减少宝宝焦虑和不安的情绪。收起零食，避免急刹车时宝宝呛入食物造成窒息。

（3）带着宝宝乘坐公交车时，抱着宝宝选择在第二排的位置坐下，避免急刹车时宝宝由于惯性飞出怀抱。不要把宝宝放在童车里，这也是很危险的。

（4）带着宝宝乘坐飞机时，注意保护好宝宝的耳膜。

（5）特别警示：外出要抱好宝宝，不交给陌生人或把宝宝单独留在车上，以免丢失。

本周游戏

扫码看演示

坐"被单车"

（1）将浴巾或被单铺在地上，让宝宝坐在一端，身后放置靠垫，用语言提醒宝宝坐稳："宝宝坐好了，汽车要开喽！"

（2）爸爸轻轻提起浴巾或被单另一端（与地面呈 15 ~ 30 度角）慢慢拖动，妈妈则在宝宝身边，当宝宝身体控制不稳时，及时扶持。

（3）游戏时间、次数、拖拉距离、速度及扶持保护等，依据宝宝的坐稳程度以及情绪状况而定。如果宝宝坐得稳稳的，情绪又很愉悦，还可以变换移动的方向或加快移动的速度。

本周问答

扶着让宝宝用下肢站立可以吗?

大多数宝宝在 8、9 个月以后，经历了翻身、坐、爬等阶段，开始能扶着墙壁或硬物站立。短时站立可帮助宝宝腿部肌肉和骨骼的发育，但不能操之过急，不要过早地、刻意地长时间让宝宝学站，否则会不利于宝宝骨骼的发育。

宝宝出生

第32周

宝宝的表现

/ 对观察到的表现打钩 /

坐着的时候，如果先让宝宝看见玩具再把玩具藏在宝宝身后，可以转动身体去找玩具

可以用手把东西捡起来

本周重要事项

/ 列出待办事项，完成后打钩 /

本周育儿感受

小家伙等不及，想要自己抓着苹果啃，虽然吃得满手满脸都是，但看样子特别开心！

Mon 星期一 月 日	Tue 星期二 月 日

养育关注点

/ 列出待办事项，完成后打钩 /

/ 补充 /

- 坚持每天有规律的进餐程序，培养进餐好习惯。
- 唱童谣《点点虫虫飞》，让宝宝感受节奏。
- 宝宝对自己动手吃饭很有兴趣，不要因为怕弄脏而制止宝宝。

Wed 星期三 月 日	Thu 星期四 月 日	Fri 星期五 月 日	Sat 星期六 月 日	Sun 星期日 月 日

第8月

本周生活

五招让宝宝进餐更有趣

8 个月的宝宝可以吃更多的食物了，为宝宝准备合适的餐椅，让宝宝和家人一起吃饭吧！

（1）饭前洗手养成良好的进餐卫生习惯，对宝宝说：“宝宝准备吃饭了，小手洗干净。”

（2）与家人共同进餐，可以让宝宝更专注地进食，对宝宝说：“来，宝宝坐在餐椅上，和大家一起吃饭喽。”

（3）提供小碗让宝宝自己抓着吃，可以促进宝宝手部动作的发展，同时增加宝宝对新食物的兴趣，对宝宝说：“哦，宝宝自己拿到食物啦，放进嘴巴里，真不错！”

（4）如果宝宝闭紧嘴巴、摇头、躲开送过来的食物，说明宝宝已经吃饱了，对宝宝说：“哦，妈妈知道你吃饱了。”强迫喂食会让宝宝厌食和挑食。

（5）当着宝宝的面收好餐具，让宝宝感知用餐结束了，以及收放和整理的好习惯。同时告诉宝宝：“吃好了，宝宝要漱口了！”养成宝宝饭后漱口的习惯。

本周游戏

童谣《点点虫虫飞》

（1）让宝宝躺在床上或抱坐在怀中、膝上，轻念童谣，同时轻握宝宝的双手食指，按童谣内容、节奏将食指点碰、打开。

（2）《点点虫虫飞》歌词：

点点虫虫飞，点点虫虫飞，点点虫虫飞，虫虫飞没啦！

本周问答

进餐时，宝宝自己要抓食物吃，怎么办？

这时期的宝宝能较准确地把东西放到嘴里，宝宝看到什么都想拿，对自己动手吃饭兴趣倍增。父母千万不要因为担心弄脏衣服、弄脏餐桌而剥夺宝宝自己吃饭的权利。要意识到，这意味着宝宝的成长。要容忍宝宝把桌上、身上弄得一片狼藉。可以在宝宝的餐椅下方铺一块一次性餐布，便于收拾整理。

宝宝出生

第33周

宝宝的表现

/ 对观察到的表现打钩 /

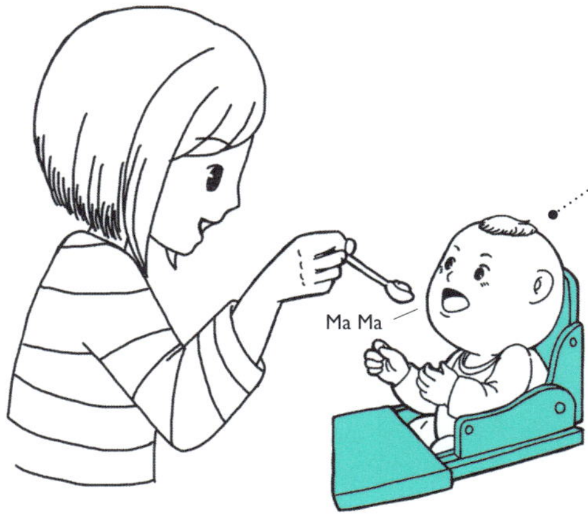

开始尝试音与意的联系，如果碰巧说出了“MaMa” 又及时得到妈妈回应的话，会似乎有些明白这个音节与妈妈的关系哦

本周重要事项

/ 列出待办事项，完成后打钩 /

本周育儿感受

宝宝第一个会叫的居然是“BaBa”，当妈的好不甘心！

Mon 星期一 月 日	Tue 星期二 月 日

养育关注点

/ 列出待办事项，完成后打钩 /

/ 补充 /

- 白天提供给宝宝足够的运动，建立并坚持睡前程序，让宝宝整夜睡安稳觉。
- 与宝宝共读图画书《快出来快出来》，帮助宝宝强化客体永久性，感受藏找的快乐。
- 在生活中提供更多让宝宝发音、说话、打手势的环境和机会。

Wed 星期三 月　日	Thu 星期四 月　日	Fri 星期五 月　日	Sat 星期六 月　日	Sun 星期日 月　日

第8月

本周生活

好方法让宝宝整夜睡安稳觉

夜间 11:00 ~ 凌晨 2:00 是宝宝生长素分泌的关键期，形成宝宝每天定时睡眠的生物钟，让宝宝整夜睡安稳觉，这对宝宝的健康发育十分重要，可以尝试以下做法：

（1）白天合理地安排宝宝的一日作息，让宝宝充分地运动、游戏，消耗能量。

（2）稳定睡前的作息流程：晚餐、安静的游戏或散步、洗澡、抚触、喝睡前奶，给到宝宝晚上要睡觉了的信号。

（3）让宝宝上床、调暗或关上灯，家长坐在宝宝旁边轻轻拍着宝宝，讲睡前故事或者让宝宝听摇篮曲，不要过多地讲话，让宝宝在安静的环境中自然地睡着。

本周游戏

共读图画书《快出来快出来》（或类似书）

（1）在每天固定的亲子共读时间，试着和宝宝一起看《快出来快出来》这本书。

（2）伴随着“快出来！快出来”的欣喜语气，一开始把翻页的动作做得很慢，再突然翻过来揭示答案，就像露出了一个久藏着的宝贝一样。

（3）当一个小动物在画面上出现时，可以在这一页停留一下，让宝宝看清楚。

（4）不用增加描述性的词句，按照图画书上的文字读即可。

本周问答

宝宝很少发音正常吗?

发音和开口说话的早晚与发音器官的成熟速度有关，也和宝宝在生活中获得的语言刺激环境有关。因此，父母应多和宝宝耳语，逗宝宝发出笑声，附和宝宝的发音，提供宝宝更多发音、说话、打手势的环境和机会。若宝宝 8 个月时仍然发音少，不会笑出声，听到声音无应答，应前往医院让医生做一下检查和诊断。

宝宝出生

第34周

宝宝的表现

/ 对观察到的表现打钩 /

开始会表达自己的情感了，可能会向熟悉的人送上一个飞吻，如果别人鼓掌表示喜欢，还会再重复这个动作

本周重要事项

/ 列出待办事项，完成后打钩 /

- 麻风疫苗（出生后满 8 个月）
- 乙脑疫苗第 1 针（出生后满 8 个月）

本周育儿感受

宝宝特别喜欢玩捉迷藏的游戏，每天都玩不够！

Mon 星期一 月 日	Tue 星期二 月 日

养育关注点

/ 列出待办事项，完成后打钩 /

/ 补充 /

- 从宝宝比较熟悉的人开始，逐步扩大交往范围，缓解宝宝面对陌生人时产生的焦虑情绪。
- 带宝宝去邻居家做客，让宝宝与熟悉的人互动，建立早期交往的积极经验。
- 玩“玩具哪去了”游戏，促进宝宝的藏找行为发展，巩固宝宝对客体永久性的认识。

Wed 星期三 月 日	Thu 星期四 月 日	Fri 星期五 月 日	Sat 星期六 月 日	Sun 星期日 月 日

本周生活

缓解宝宝的陌生焦虑

宝宝认生是成长过程中认知水平发展的正常表现，家长要做的是提供良好交往环境，同时不强迫宝宝与陌生人交往，可以试试以下这些做法：

（1）家长去上班时和宝宝说“再见”；下班回家后和宝宝拥抱，先让宝宝体会交往的快乐。

（2）宝宝正处于模仿和适应的阶段，因此，带宝宝外出遇到陌生人，不急于让宝宝去打招呼，家长可以先代替宝宝打招呼，如：“叔叔好，这是我家xx。”要知道，宝宝此时还不会说话呢。

（3）若和宝宝一起参加聚会，应在前一天的晚上和宝宝谈论这件事情。进门前要先观察宝宝的反应。突然到了人多的陌生环境，焦虑和紧张会让宝宝哭闹不止。

（4）当有陌生人过来抱宝宝时，先观察宝宝的反应，可以对宝宝说：“这是叔叔，哦，叔叔等下再抱宝宝吧，宝宝有一些紧张。”

本周游戏

扫码看演示

玩具哪去了

（1）当着宝宝的面，用半透明的小纱巾将宝宝正在摆弄的小玩具遮起来，请宝宝找找：“咦，没了，你刚刚还在玩的小积木哪去了？看看纱巾下面是什么？”

（2）用手指指着纱巾，让宝宝拿起纱巾将玩具找出来，对宝宝说：“哇，宝宝，你找到了，积木藏在纱巾下面。”

（3）根据宝宝的状态可不断提高游戏的难度，如可以用不透明的容器遮住玩具请他找，或者将玩具藏在自己的一只手里，请宝宝猜猜玩具在哪只手里。

本周问答

1. 宝宝很认生，见到陌生人就大哭，这是怎么回事?

有些宝宝的认生现象在 8 个月开始变得非常厉害。不要着急，怕生是宝宝记忆以及识别能力发育良好的表现，并不是一件坏事。有些宝宝的陌生焦虑会保持较长一段时间。

2. 宝宝不会找东西，怎么办?

经常、反复地和宝宝玩捉迷藏的游戏，如妈妈藏在纱巾后、把物品藏在纱巾下面，请宝宝找。若宝宝对捉迷藏没有任何兴趣，且与人的眼神交流少，建议去医院就诊。

宝宝会站了

宝宝会站了！有图有真相哦！
把宝宝在怎样的情景下，如何努力才会站的过程
以及父母的心情记录在这页吧！

扫码看制作示范

宝宝出生

第35周

宝宝的表现

/ 对观察到的表现打钩 /

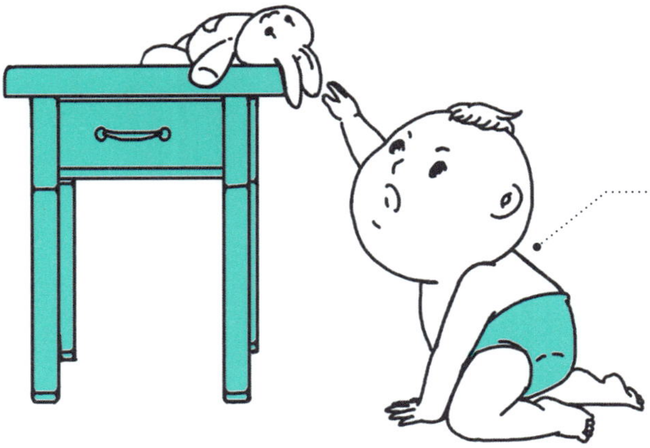

会到处爬动了，还能转身及改变方向

本周重要事项

/ 列出待办事项，完成后打钩 /

本周育儿感受

宝宝已经会到处爬了，幸好防撞角垫都粘起来了！

Mon 星期一 月 日	Tue 星期二 月 日

养育关注点

/ 列出待办事项，完成后打钩 /

/ 补充 /

- 定期检查宝宝可能爬到的地方，尽可能消除安全隐患。
- 和宝宝玩“爸爸妈妈的身体”游戏，帮助宝宝练习扶站蹲起。
- 错过爬行会影响宝宝认知、动作协调等各方面能力的发展，可通过游戏增加爬行的趣味性，鼓励宝宝多爬，逐渐建立宝宝对爬行的信心。

Wed 星期三 月　日	Thu 星期四 月　日	Fri 星期五 月　日	Sat 星期六 月　日	Sun 星期日 月　日

第9月

本周生活

爬行宝宝家庭的安全防护须知

随着四肢力量的增强，9个月的宝宝可以爬到更远的地方，可以拿到更多的物品来满足自己手部动作的需求。此时，家庭的安全防护非常重要。除了要增强防患意识外，在宝宝爬行的过程中，更应该用语言来描述这些危险的隐患，慢慢增加宝宝的自我保护意识。

可以尝试以下做法：

（1）及时清理地板上的小物品，一边扫地一边对宝宝说："妈妈在把地板打扫干净。"

（2）在室内加装防护角、门档的时候，对宝宝说："妈妈帮宝宝装上防护角，宝宝的头就不会磕到了。宝宝要小心，不要碰哦。"说的时候要用手将防护角指出来让宝宝看到。

（3）将电源插头藏起来用家具挡住，以免宝宝伸手摆弄。

（4）更要注意的是，由于宝宝活动空间增大，在陪伴的过程中应让宝宝随时出现在成人的视线范围之内。

本周游戏

爸爸妈妈的身体

（1）爸爸（或妈妈）侧卧在床或地板上，曲起一条腿，在膝盖处放一个玩具，对宝宝说："宝宝，看爸爸（或妈妈）膝盖上有什么？来找它一起做游戏吧。"

（2）逗引宝宝爬过来，扶着爸爸（或妈妈）的腿站起来，拿到爸爸（或妈妈）膝盖上的玩具，对宝宝说："宝宝，加油，快爬过来，扶好爸爸（或妈妈）的腿，你就要拿到小玩具啦。"

（3）慢慢把腿放平，引导宝宝扶着爸爸（或妈妈）的腿蹲下来，对宝宝说：“宝宝，我们要蹲下来了，小心扶好。”

（4）反复进行这个游戏，引导宝宝不断蹲、站。

本周问答

宝宝还不会爬，但总想站，错过爬行期有什么后果吗？

爬行对宝宝的成长非常重要，是行走的重要基础，错过爬行会影响宝宝认知、动作等各方面能力的发展！会爬以后，宝宝会发现世界变得触手可及，这是宝宝探索世界的开始。爬行使宝宝的全身肌肉和骨骼得到锻炼，对发展宝宝的动作协调能力至关重要。

家长应创设并营造宝宝爬行的环境，如在足够大的地板上铺上地毯，和宝宝面对面趴着，选择颜色鲜艳的小球、拖车等宝宝喜欢的玩具，用合适的体位和方式逗引宝宝爬行。只要每天坚持正确的爬行陪伴，宝宝会自然地进入爬行的阶段过程。

宝宝出生

第36周

宝宝的表现

/ 对观察到的表现打钩 /

坐着时能用两手玩弄手里的东西，能自由放下或拿起物品

本周重要事项

/ 列出待办事项，完成后打钩 /

本周育儿感受

有了孩子后，购物车里都是宝宝的东西。

Mon 星期一
月 日

Tue 星期二
月 日

养育关注点

/ 列出待办事项，完成后打钩 /

/ 补充 /

- 用新鲜蔬菜为宝宝制作食物，现做现吃最有营养。
- 和宝宝玩“拔卷纸芯”游戏，鼓励宝宝自由抓放物品，促进宝宝的手眼协调。
- 宝宝的消化系统尚未发育成熟，宜少食多餐。

Wed 星期三 月　日	Thu 星期四 月　日	Fri 星期五 月　日	Sat 星期六 月　日	Sun 星期日 月　日

第9月

本周生活

蔬菜制作小妙招

9 个月的宝宝，可以食用一些小的块状食物了，因此，蔬菜需制作成小的、松软的块状，一方面帮助宝宝补充营养，另一方面促进宝宝咀嚼能力的发展。

（1）将块状的蔬菜（如土豆、胡萝卜等）切成 0.5 厘米的小块后再进行处理。胡萝卜是脂溶性的，因此食用前应用油煸炒一下，或者和肉类一起食用。

（2）将根茎类的蔬菜（如芹菜、小青菜等）用刀切成小块即可，不用打烂成尼，否则蔬菜会失去纤维，不利于吸收和促进宝宝肠胃的蠕动。

（3）对有些偏食的宝宝，可以将小块的蔬菜做成馄饨、菜饭食用，改善宝宝偏食的情况。

本周游戏

拔卷纸芯

（1）将家里废旧的鞋盒子用彩色粘纸包装一下，按照卷筒纸内芯的大小，在鞋盒的盒盖上挖出圆洞。

（2）将卷筒纸内芯插入鞋盒的洞洞中，对宝宝说："宝宝，看，妈妈给你做了一个漂亮的玩具，一起玩吧。"

（3）鼓励宝宝将卷筒纸内芯从鞋盒盖上一根根拔出来，自由摆弄。

（4）等宝宝拔完后，将纸芯插回鞋盒盖上，支持宝宝反复游戏。

本周问答

需要为宝宝安排加餐时间吗?

需要像对待正餐一样对待宝宝的加餐。因为宝宝的消化系统尚未发育成熟，胃容量有限，新陈代谢旺盛，每餐进食很快会被消化，故宝宝宜少食多餐。加餐是能量补充的重要来源，能满足宝宝快速生长的需要。加餐占全天热量的比例应为10%，内容以粥、米糊等为主。

宝宝出生

第37周

宝宝的表现

/ 对观察到的表现打钩 /

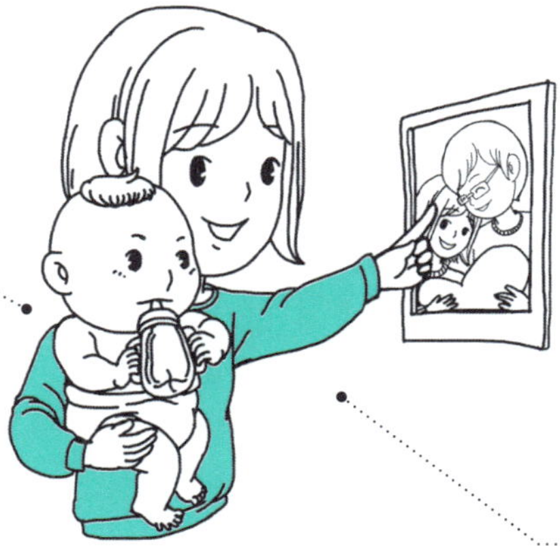

开始会记得看到的东西，能认出照片上的爸爸妈妈

能注意看要求指认的东西

坐在妈妈怀里看图画书，听妈妈讲故事是最高兴的事情

本周重要事项

/ 列出待办事项，完成后打钩 /

本周育儿感受

宝宝会做"飞吻"和"再见"的动作了！

Mon 星期一 月 日	Tue 星期二 月 日

养育关注点

/ 列出待办事项，完成后打钩 /

/ 补充 /

- 试着给宝宝一个带有吸嘴和两个把手的饮水杯。
- 和宝宝一起指认家人，将家人的形象和称呼联系在一起，发展宝宝的记忆能力。
- 和宝宝共读图画书《连在一起》，让宝宝学习用拥抱、亲吻表达喜爱的情感。

Wed 星期三 月 日	Thu 星期四 月 日	Fri 星期五 月 日	Sat 星期六 月 日	Sun 星期日 月 日

第 9 月

本周生活

给宝宝选个合适的饮水杯

宝宝的两只手可以捧着杯子喝水了，日常饮水除了奶瓶以外，可以选择合适的杯子来让宝宝尝试自己捧着杯子喝水。

喝水时让宝宝坐在餐椅上，为宝宝选择带柄的杯子，杯内放少许水让宝宝自己饮用。开始时杯中的水可能会洒落，这时要帮宝宝擦拭干净，不要斥责宝宝。

可以尝试以下做法：

（1）用模仿学习的方式教会宝宝喝水。将杯子放在宝宝面前，妈妈也拿起一个杯子端起来喝水，同时对宝宝说："宝宝可以自己喝水了，来，把杯子端起来，像妈妈一样喝水。"

（2）协助宝宝完成喝水的尝试。宝宝端起杯子，妈妈轻轻托起杯子的底部，帮助宝宝掌握方向和力度，对宝宝说："慢慢喝，非常好！宝宝自己喝水了！"宝宝喝水之后，为宝宝擦嘴，收放好水杯。

（3）饮水杯的种类很多，选择一个宝宝喜欢的颜色，增加宝宝自己喝水的兴趣。杯子的款式不重要，关键是宝宝能够在自己喝水的过程中尝试自己做事情，促进动作的发展，提升唇、齿的配合能力，为独立进餐做准备。

本周游戏

共读图画书《连在一起》（或类似书）

（1）在每日的亲子共读时间，选择《连在一起》这本图画书和宝宝一起看。

（2）抱着宝宝，亲切、自然地读这本书，用手指点着图，照着文字读。

（3）读完，将故事里的情绪延续到现实中来，也和宝宝脸贴脸、亲一亲。

（4）和宝宝亲亲时，可以问宝宝："谁和谁连在一起？"并代替宝宝用故事里的语言来回答。

（5）重复多次以后，宝宝会观察画面并逐渐理解画面的意思。

本周问答

宝宝一直咿咿呀呀，要什么时候才会叫妈妈爸爸呢？

宝宝表达的需要发展迅猛，然而发音器官从不完善到完善这个过程却很长，从宝宝在 1~2 个月时发出个别元音、辅音到清晰发出第一个音节，几乎要历时 10~12 个月，甚至更长的时间。宝宝一般从 9 个月开始模仿大人发音，开始把词和对应的事物联系起来。

宝宝出生

第38周

宝宝的表现

/ 对观察到的表现打钩 /

现在已经学会很多本领了，可以拍拍小手表示“欢迎”，摆一摆手表示“再见”

看到其他小朋友会有反应，会去抓小朋友的头或脸

本周重要事项

/ 列出待办事项，完成后打钩 /

本周育儿感受

Mon 星期一 月 日

Tue 星期二 月 日

A群流脑疫苗第2针（出生后满9个月）

养育关注点

/ 列出待办事项，完成后打钩 /

/ 补充 /

- 教宝宝一些简单的手势，让宝宝乐于表达自己。
- 和宝宝玩“声音从哪来”游戏，促进宝宝对客体永存性认知的发展。
- 多陪陪宝宝，和宝宝说话、讲故事、一起做游戏，与宝宝形成良好、积极的安全型依恋关系。

Wed 星期三 月 日	Thu 星期四 月 日	Fri 星期五 月 日	Sat 星期六 月 日	Sun 星期日 月 日
宝会扶着站起来啦！				

第9月

本周生活

生活中教宝宝几个常用手势

手势是肢体语言的一种，要想让宝宝学习用手势来表达自己的意愿，应该配合着语言、动作。肢体动作和语言相互配合更能让宝宝理解手势和词语之间的关系。以下手势适合宝宝学习：

（1）“没有了”：宝宝吃完食物时，家长一边晃动自己的手，一边对宝宝说“食物没有了，没有了”，一边重复地摆动双手。

（2）“害怕”：宝宝摔倒或者遇到危险会哭起来，这时候家长可以拍着自己的胸口说：“宝宝害怕了。”这里加上了“宝宝”两个字就是一句完整的话，让宝宝明白，是自己害怕了，从而加强了对句子的感知。

（3）“再见”：家长去上班时，可以抱起宝宝，挥挥手对宝宝说：“宝宝再见！”再拿起宝宝的手一边摇动一边代替宝宝说：“XX（妈妈）再见！”

（4）“谢谢”：家长帮助宝宝做事情，或递给宝宝物品的时候，双手握住宝宝的小手前后摇晃，代替宝宝说：“谢谢XX（妈妈）！”

本周游戏

声音从哪来

（1）先当着宝宝的面捏响小玩具，然后用毛巾把玩具盖起来，问宝宝：“宝宝，刚才是什么在响？找找看，它去哪了？”如果宝宝找不到，可以隔着毛巾捏响小玩具后说：“宝宝，它在这里哦。”引导宝宝揭开毛巾。

（2）换一个可不断发出声响的物品，如收音机，然后隔着布打开它，让它放出声音。请宝宝找到它：“宝宝，听，是什么在响？它在哪里呢？找找看。”

（3）经常和宝宝玩这类找声音的游戏，如对宝宝说：“宝宝，是谁在客厅里说话？我们找找看，哦，是爸爸。”

本周问答

宝宝不会自己玩，总要人陪着，怎么办？

这时期的宝宝会特别依恋家人，不愿与熟悉的人分开，怕见生人，在陌生的环境中会产生焦虑的情绪。要理解宝宝的这种行为，空闲时尽量多陪宝宝，和他说话、给宝宝讲故事、一起做游戏等，提供给宝宝更多模仿和学习的机会，更有利于与宝宝形成良好、积极的安全型依恋关系。

第9月

宝宝出生

第39周

独坐稳，能扶

自检表

/ 对观察到的表现打钩 /

宝宝快满 9 个月了，请为他做个阶段性测试吧！

如果他大部分符合以下表现，那可得恭喜您！

从无意识发“Da Da Ma Ma”转为有意识发声

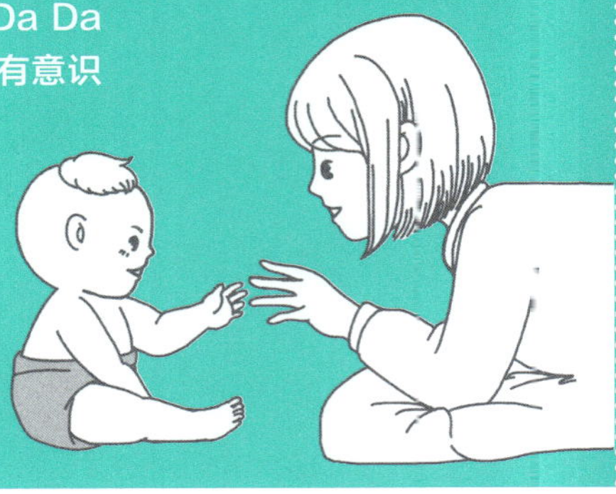

自己发声音玩

怕羞，能认出陌生人

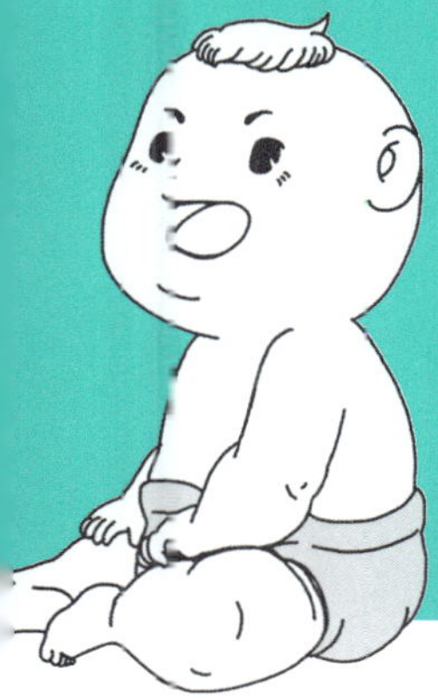

能爬行前进

用拇指、食指抓取小物品

双手握着物品敲打着玩

喜欢和人玩手帕遮脸游戏

如果宝宝9个月时完全符合如下表现，建议进一步咨询专业人员：

- 无法独坐
- 不会自喂食物
- 手不会自主抓物
- 听到声音不会转头

第9月

宝宝爬行的意义与发展规律

爬行对宝宝的成长非常重要。会爬以后，宝宝会发现世界变得触手可及，这是宝宝探索世界的重要基础。爬行使宝宝的全身肌肉和骨骼得到锻炼，对宝宝的动作协调能力发展至关重要。所以，爬行是行走的重要基础。但宝宝过早站立会导致弱视、O 型腿或 X 型腿。

爬行也能促进宝宝感觉系统和各项动作技能的全面发展。

宝宝爬行主要经过旋转爬行、手腹爬行、手膝爬行三个阶段。在不同的阶段，要采取合适的引导和支持方法。

- 旋转爬行阶段：6~7 个月的宝宝能用双臂撑起上半身，手臂的力量和灵活性都比腿部强。这时，可以用玩具引导宝宝以腹部为中心做旋转动作。
- 手腹爬行阶段： 7~8 个月的宝宝会腹部着地，双脚乱蹬，用双臂匍匐带动整个身体爬行。这时，可以用浴巾兜住宝宝的腹部，让宝宝感受四肢支撑身体的感觉。
- 手膝爬行阶段： 8~9 个月的宝宝能用手和膝盖支撑起整个身体，可以双手双脚相互协调地向前爬行。动作熟练后，宝宝会越爬越快，这时要提供安全、开阔的爬行环境，鼓励宝宝爬高爬低。

感觉系统	动作发展	能力形成
内脏		内在和外在的平衡
触觉系统	手部操作技巧、口腔动作能力 对空间和时间的测量	情绪舒适感、计划动作能力、 专注力、空间认知能力、安全感
肌肉关节觉	分级肌肉收缩的力量 对动作的认知	安全感、身体承受体重和变化姿势的舒适感、 进行有意义的活动
前庭系统	肌肉张力 姿势控制能力 两侧动作的整合能力	安全感、空间摇动时的愉悦、 有空间及时间计划动作能力、有时间认知能力
视觉系统	眼球动作控制 对空间、深度的认知	运动时视觉技巧
听觉系统		语言

宝宝出生

第40周

宝宝的表现

/ 对观察到的表现打钩 /

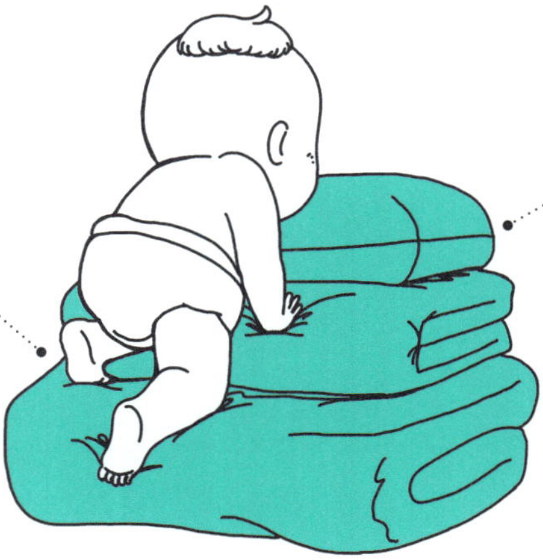

更喜欢站着，会拉着东西站起来

已经能爬着到处活动了，如往叠着的被垛上爬

本周重要事项

/ 列出待办事项，完成后打钩 /

本周育儿感受

Mon 星期一 月 日	Tue 星期二 月 日

养育关注点

/ 列出待办事项，完成后打钩 /

/ 补充 /

- 注意宝宝居住环境的安全防护，增强宝宝的心理安全感。
- 和宝宝玩"螃蟹走"游戏，增强宝宝的腿部力量及身体控制能力，为宝宝独立行走做准备。
- 为宝宝选择合适的学步鞋，经常让宝宝做蹲起练习，让宝宝扶着家长的双手学走。

Wed 星期三 月 日	Thu 星期四 月 日	Fri 星期五 月 日	Sat 星期六 月 日	Sun 星期日 月 日

第10月

本周生活

宝宝居住环境的安全防护指南

宝宝有时候不能理解“危险”两个字的意思，家长在做好安全防护的同时，不仅要在宝宝触及到危险物品时及时阻止，还要用语言告诉宝宝：“不可以，危险。”可以尝试以下做法：

（1）起居室：给电源插座加盖；固定电灯的电线；固定或拿走落地灯；包起桌、凳的尖角；将易碎物品陈列在宝宝够不到的地方；搬走花草。

当宝宝用手触及安全插头和灯的时候，边阻止边说：“宝宝，这个很危险，宝宝不碰。”同时用玩具吸引宝宝：“这个宝宝可以玩。”

（2）餐厅 / 厨房：椅子尽量远离餐桌放置；给放置易碎盘子的抽屉或橱柜装上锁；将餐桌上的东西放到桌子中间；卷起桌布角；收起塑料袋。

及时地满足宝宝的需求而不是在远处用语言去阻止。例如，进餐时，宝宝会尝试够取桌子上的物品，此时应该扶住宝宝，对宝宝说：“宝宝，你要喝水吗？妈妈帮你拿奶瓶。”

（3）卫生间：收好药品、剃刀、大头针、化妆品、剪刀等危险品。

（4）浴室：包好浴盆上的水龙头；在浴盆中放防滑垫；放下坐厕盖；用好浴盆后将水放干。给宝宝洗澡时，应在放好水后再抱着宝宝进入浴室。

本周游戏

扫码看演示

螃蟹走

（1）提供宝宝扶走的环境，让宝宝站在沙发、床或其他支持物旁边。

（2）把玩具放在距离宝宝不远的地方，对宝宝说：“宝宝，玩具在妈妈这里，快走过来拿到它。”鼓励宝宝扶着支持物侧身移动。

（3）当宝宝拿到玩具后，再鼓励宝宝离开支持物，独走几步。

（4）刚开始练扶走时，需要一人拿玩具在前方逗引，另一人在宝宝的身后随时保护。逗引的人不要距离宝宝太远，随着宝宝能力增强，可逐渐拉远与宝宝的距离。

本周问答

为宝宝提供什么样的鞋子?

可以参考以下五个标准为宝宝选鞋:

(1)鞋口要大、鞋头要宽。

(2)方便调节松紧和舒适度。

(3)鞋的前端可弯曲,鞋底不能太软。

(4)需让宝宝试穿并走路。

(5)鞋码要稍大(脚趾碰到鞋尖,脚后跟可塞进大人小指为宜)。

宝宝出生

第41周

宝宝的表现

/ 对观察到的表现打钩 /

开始能记住一些简单的事情

已经能手眼配合完成一些活动

本周重要事项

/ 列出待办事项，完成后打钩 /

本周育儿感受

Mon 星期一
月　日

Tue 星期二
月　日

养育关注点

/ 列出待办事项，完成后打钩 /

/ 补充 /

- 有规律的白天小睡能让宝宝获得身体发育所需的充足睡眠。
- 和宝宝玩“塞球球”游戏，帮助宝宝锻炼小肌肉、促进手眼协调。
- 扔东西不是坏习惯，这满足了宝宝探索事物间因果关系的需求。

Wed 星期三 月 日	Thu 星期四 月 日	Fri 星期五 月 日	Sat 星期六 月 日	Sun 星期日 月 日

第10月

本周生活

白天小睡很重要

美国国家儿童医学中心小儿睡眠研究所发现：婴幼儿睡觉时是身心发育的最好时间。在 9~12 个月，大多数宝宝每天上、下午会各睡一小觉。有规律的白天小睡能帮助宝宝获得身体发育所需的充足睡眠。

为了让宝宝在白天也能安静入睡，睡前把宝宝抱入卧室，对宝宝说："宝宝要睡觉了，我们拉上窗帘，门也关起来。"营造睡眠的环境，让宝宝知道要睡觉了。之后将宝宝放到床上，安抚宝宝入睡。

本周游戏

塞球球

（1）将大纸箱包装一下，在上面挖出一些圆洞（尺寸和家里的球大小一致）。也可以为宝宝准备卷筒纸内芯和乒乓球。

（2）将球塞进箱中的同时，引发宝宝的好奇："宝宝听，'嗵'！咦，小球哪去了？看看箱子里有没有。"

（3）鼓励宝宝将球塞进纸箱中，对宝宝说："宝宝，把球对准洞洞放过去，真棒！"

（4）如果宝宝喜欢把球拿出来，也没关系，家长往纸箱里放球，再请宝宝将球拿出来，支持宝宝不断地熟练手眼协调。

本周问答

宝宝扔东西是坏习惯吗?

这个阶段的宝宝喜欢扔东西并不是什么坏习惯。宝宝扔东西的过程是对抓、放、扔等一系列动作的练习，也满足了宝宝认识、探索事物间因果关系的需求。建议:

(1) 为宝宝提供可扔的环境和可扔的玩具材料，如球等。

(2) 选择合适的场所和宝宝玩扔接球的小游戏，变随意扔为有目的、有意识的行为。

(3) 如果宝宝扔某些不可乱扔的东西，要予以制止。

(4) 扔出去的东西要捡回来，示范并培养宝宝物归原处的好习惯。

宝宝出生

第42周

宝宝的表现

/ 对观察到的表现打钩 /

理解力明显增强 被别人叫名字能明确反应，也能正确执行别人的简单指令

本周重要事项

/ 列出待办事项，完成后打钩 /

本周育儿感受

Mon 星期一 月 日	Tue 星期二 月 日

养育关注点

/ 列出待办事项，完成后打钩 /

/ 补充 /

- 仍要坚持循序渐进地添加辅食。
- 和宝宝玩指认五官的游戏，经常示范用点头摇头表示同意或不同意，并鼓励宝宝用动作表示。
- 共读图画书《是谁的肚脐眼》，引导宝宝学习指认肚脐眼，感受共读的乐趣。
- 万一宝宝被异物卡住，如果急救 2 分钟无效果，应立即拨打 120 急救电话。

Wed 星期三 月 日	Thu 星期四 月 日	Fri 星期五 月 日	Sat 星期六 月 日	Sun 星期日 月 日

第 10 月

本周生活

辅食添加建议

10个月的宝宝可添加的辅食种类已经比较齐全，但仍要坚持循序渐进地添加辅食，一次只加一种，并在添加后至少等3天再加新食品。等待的过程中可以观察宝宝是否对食物过敏，如出现过敏，应等待1周以上，再加入新食物。

辅食的添加，可以帮助宝宝提高咀嚼能力、摄入更多营养。

添加辅食时，还应注意以下几点：

（1）让宝宝在愉快的气氛中进食，将宝宝安置在餐椅上，为宝宝提供自己的餐具，对宝宝说："这是宝宝的小碗，宝宝要吃饭了。"

（2）用勺子喂食能促进宝宝的咀嚼和自主进食，帮助宝宝的肠胃有节律地蠕动，促进消化吸收。因为宝宝习惯了用奶瓶，所以喂食时每次勺子里的食物要适量，以一平勺为宜。将勺子送到宝宝的嘴边、碰触到宝宝的口唇，在告诉宝宝张开嘴巴的同时，自己也张开嘴巴，让宝宝模仿，再将食物送到宝宝嘴里。经过一段时间后，宝宝就能接受用勺子喂食了。

（3）喂食过程中宝宝可能会吐出来，不要紧，只要假以时日，就一定会成功。可以对宝宝说："宝宝再来一口，真香啊！"一边喂食一边描述食物的香味，并告诉宝宝吃的是什么，促进宝宝进食的兴趣。

本周游戏

1. 听听做做童谣《看我摸》

帮助宝宝将五官与名称联系起来，在伴随着童谣的游戏中让宝宝感受节奏。

（1）和宝宝面对面坐好，边示范拍手掌边轻念童谣："拍手掌，看我摸。"

（2）念到"我不摸呀，你也别摸"时，双手和头做摇摆动作。

（3）伴随童谣，摸摸身体的相应部位："我摸耳朵/鼻子/眼睛/脑袋，你也摸耳朵/鼻子/眼睛/脑袋。"

（4）一开始，宝宝可能无法独自完成，可以用手触碰或者拉着宝宝的小手一起触碰宝宝的身体部位。

（5）经常问宝宝“小手在哪里？伸出来给 XX 看看”等，不断强化宝宝对身体部位的感知。

2. 共读图画书《是谁的肚脐眼》（或类似书）

（1）在每日亲子共读时间，从这周起试读图画书《是谁的肚脐眼》。

（2）慢慢翻书并照着书中原文读，语气、语调随文字所需而略加变化。

（3）可以将书中故事的乐趣迁移到现实中，如准备给宝宝吃苹果时，可把苹果藏在手里，只露出顶端部分，用故事中的语气和宝宝互动：“宝宝，这是谁的肚脐眼？猜猜看。”随后打开手对宝宝说：“哦，原来是苹果的肚脐眼呀。”

本周问答

万一宝宝被异物卡住怎么办？

应迅速对宝宝的情况作出判断。如果出现剧烈的咳嗽或作呕，要让宝宝继续，这是排出气管异物较有效的方法。如果宝宝出现突然哭不出来或不能咳嗽但意识清晰的情况，应把宝宝的脸朝下趴放在家长的前臂上，家长用手托住宝宝的头、颈部，把托宝宝的手臂放在大腿上，让宝宝的头部低于身体其他部位。用手掌根部拍击宝宝的背（肩胛骨之间的部位）直至异物排出，拍击时要用力和果断。急救 2 分钟，如无效果，应立即拨打 120 急救电话。

第
10
月

宝宝会叫人了

宝宝会叫妈妈了，宝宝会叫爸爸了！

宝宝还发出了很多声音，把这些声音写在这页上吧！

扫码看制作示范

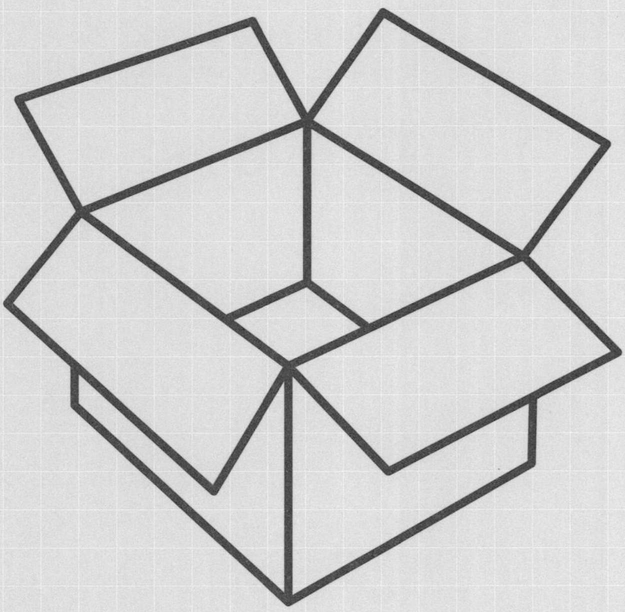

宝宝出生

第43周

宝宝的表现

/ 对观察到的表现打钩 /

开始有自己的主意了，有时候会摇头表示“不”

本周重要事项

/ 列出待办事项，完成后打钩 /

本周育儿感受

Mon 星期一
月 日

Tue 星期二
月 日

养育关注点

/ 列出待办事项，完成后打钩 /

/ 补充 /

- 可通过逐步扩大交往范围、鼓励宝宝和小伙伴一起玩，让宝宝不怕生。
- 和宝宝玩点点戳戳游戏，让宝宝自由随意涂鸦。
- 如果能解读宝宝的需要并和宝宝保持交流，宝宝就不会随意哭闹。

Wed 星期三 月 日	Thu 星期四 月 日	Fri 星期五 月 日	Sat 星期六 月 日	Sun 星期日 月 日

第10月

本周生活

宝宝怕生巧应对

（1）逐步扩大宝宝的交往范围：可以从宝宝比较熟悉的人开始，让宝宝习惯跟妈妈或抚育人以外的人交往，忌强迫。

（2）给宝宝做示范：带宝宝户外活动时，看到陌生人，家长应该主动打招呼，如：“奶奶好，这是我家 xx。”

（3）给宝宝机会，建立自信：宝宝喜欢跟着音乐摆动身体，喜欢自己拍手告诉家长，宝宝做得很好，这些都是宝宝在表现自己。家长应该及时地用肯定的语言描绘宝宝的行为，这样可以增加宝宝的自信。例如：“宝宝跳舞了，真棒！”“宝宝做得不错，再来一次吧。”在鼓励宝宝的同时，要引导其他家人和陌生人关注宝宝，这样可以降低宝宝在外人面前的紧张感。

（4）培养宝宝的安全感：对宝宝的态度、情感要稳定；要陪伴宝宝一起熟悉和适应陌生人或环境。

- 进入公共场所时，要告知宝宝在哪里、去做什么，如：“妈妈和宝宝一起来游戏场，有很多小朋友哦，我们也进去玩吧。”当宝宝能够理解在这样的场所会有很多其他人，就不会紧张。
- 日常家庭生活中，要与宝宝温和地对话，说明对错。不要大声地斥责，这样宝宝做事就不会紧张。

（5）鼓励宝宝多在户外和小伙伴一起游戏：此时宝宝还不能真正意义上独立地和其他人游戏，但观看和参与他人的活动也很重要，可以对宝宝说：“宝宝看，这么多小朋友。他们在踢球呢。”

本周游戏

扫码看解说

点点戳戳

（1）准备大报纸、粗蜡笔，让宝宝坐在纸上，自由摆弄蜡笔。

（2）刚开始提供纸笔时，可能宝宝还不知道它们的关系，妈妈可以“自说自画”。如在纸上画点，同时说：“点、点、点芝麻。”或画来回的弧线，同时说：“嘟嘟嘟，开汽车。”请宝宝发现蜡笔在纸上留下的痕迹，并鼓励宝宝也试着抓笔涂画。

（3）如果宝宝只是抓起笔来啃或在纸上轻轻地划拉，别着急，给宝宝时间，家长示范的点点戳戳的玩法是为宝宝下一个阶段的发展做准备。

本周问答

宝宝开始有自己的主意了，不如意就大哭，怎么办？

此时的宝宝自我意识开始萌芽，可宝宝还不能用语言来表达，当需要不能满足的时候只能用哭闹表示。家长要理解宝宝。应尽可能地了解宝宝的需要，解读和表达宝宝的需要。只要家长能够了解宝宝的需要并和宝宝保持交流，宝宝是不会随意哭闹的。当然，不排除宝宝有身体的不适或病痛，对这种情况应及时观察、送医就诊。

宝宝出生

第44周

宝宝的表现

/ 对观察到的表现打钩 /

能扶着东西蹲下并自己站起来，也能独站片刻了

可能还会颤巍巍地向前迈步，被牵着一只手就能走了

本周重要事项

/ 列出待办事项，完成后打钩 /

本周育儿感受

Mon 星期一 月 日	Tue 星期二 月 日

养育关注点

/ 列出待办事项，完成后打钩 /

/ 补充 /

- 要注意检查宝宝的玩具是否存在安全隐患。
- 和宝宝玩“蹲下取物”游戏，促进宝宝腿部力量与平衡能力的发展。
- 给宝宝创设较大的、安全的学步空间，让宝宝可以扶着稳固的家具走或利用椅子推行。

Wed 星期三 月 日	Thu 星期四 月 日	Fri 星期五 月 日	Sat 星期六 月 日	Sun 星期日 月 日

本周生活

玩具安全隐患排摸六要点

玩具是宝宝生活中不可缺少的陪伴品。10 个月的宝宝手部力量和手指间的配合增强了，有的宝宝还喜欢用嘴巴咬东西，因此玩具的安全性、适宜性就很重要。

（1）玩具要符合宝宝的月龄。

（2）无可吞咽、松动、能咬断的小部件，玩具边缘无暴露的尖角。

（3）玩具上无超过 15 厘米的绳子。

（4）不含有毒物质，尽量购买布制或无染色的木质玩具。

（5）气球和薄塑料袋要远离宝宝。

（6）要检测声响玩具的声音质量，保护宝宝听力。

本周游戏

蹲下取物

（1）让宝宝站在沙发等支持物旁，悄悄地把玩具放在宝宝脚边并提示宝宝："宝宝，地上有个玩具哦。"

（2）示范并引导宝宝一手扶着栏杆，蹲下把玩或捡起玩具。

（3）由于腿部力量不够，宝宝可能在蹲下捡物时一屁股坐在地上，别担心，反复练习蹲站或者玩一些增强腿部力量的游戏。

本周问答

应给学走宝宝创设怎样的环境？

（1）对于可扶物行走的宝宝，可为宝宝准备一些支持物，如床、椅子、沙发等，注意物品间隔要近，让宝宝扶着床等稳固的家具学扶走。同时，家长要在宝宝身后同步走，随时保护宝宝。

（2）对于能够独立行走的宝宝，可开辟空阔的行走场地，提供椅子、推车等辅助行走的工具，让宝宝独立推物行走。宝宝在推车时，家长尽量不要分散宝宝的注意力，也切勿远离，以便随时提供保护。

宝宝出生

第45周

宝宝的表现

/ 对观察到的表现打钩 /

会对小孔着迷，因为可以将指头伸入孔中

手的动作灵活性提高了，会使用拇指和食指捏起较小东西，也能试着拿笔并在纸上点点戳戳

动作熟练后，能将小物品放入孔中

本周重要事项

/ 列出待办事项，完成后打钩 /

本周育儿感受

Mon 星期一 月 日

Tue 星期二 月 日

养育关注点

/ 列出待办事项，完成后打钩 /

/ 补充 /

- 母乳喂养，合理安排宝宝的一日饮食。
- 和宝宝玩“塞豆豆”游戏，帮助宝宝练习用拇指和食指捏拿小物品。
- 支持宝宝探索、把玩、学习使用简单工具，促进宝宝手部精细动作的发展。

Wed 星期三 月 日	Thu 星期四 月 日	Fri 星期五 月 日	Sat 星期六 月 日	Sun 星期日 月 日

本周生活

仍应继续母乳喂养

由于添加了辅食，宝宝进食的次数会增多，因此合理地安排母乳、配方奶之间的配比，是养成宝宝良好进餐习惯的关键。增加面食、软米饭，不再吃打碎的食物可以帮助宝宝练习咀嚼和吞咽。

宝宝的一日饮食安排建议如下：

7:00	早餐	母乳或配方奶（180 ~ 220 毫升）
9:00	早点	蒸蛋羹
11:30	午餐	菜粥或烂面，荤素搭配
12:30 ~ 14:30	午睡	
14:30	午点	母乳或配方奶（180 ~ 220 毫升）、水果
17:30	晚餐	厚粥或软饭、面食，荤素搭配
20:30	晚点	母乳或配方奶（200 毫升，夜里不要喂）

本周游戏

塞豆豆

（1）准备一些直径大于 1cm 的白芸豆，装在大盒子里；再准备一只洗净晾干的、口径约 2cm 的饮料瓶。

（2）让宝宝随意玩，观察并防止宝宝误吸入口鼻。

（3）家长可以玩出和宝宝不同的花样，如将豆子塞入饮料瓶中，轻轻摇晃瓶子吸引宝宝说：“宝宝，看！瓶子里是什么，有好多豆子。”

（4）鼓励宝宝模仿着将豆子塞入瓶中，可以对宝宝说："宝宝也试试，把豆子装进瓶子里吧。"

（5）游戏后，把瓶口盖牢，请宝宝摇晃瓶子听听声音。

（6）如果宝宝总是喜欢将豆子从瓶中倒出来，而不是塞进去，就让宝宝这样倒来倒去吧，也可以尝试换个大口径的瓶子。

本周问答

如何帮助宝宝学用工具？

学习使用工具，是宝宝手部精细动作发展的重要内容。适合1岁左右宝宝使用的工具有勺子、蜡笔等，可在宝宝的玩具筐里增加塑料碗、勺子、木铲等玩具，和宝宝玩喂娃娃的游戏，为宝宝准备纸和蜡笔，鼓励宝宝在规定的地方乱涂乱画。

宝宝会走了

宝宝会走了！有图有真相哦！

把宝宝迈步的样子、如何努力才会走的过程

以及父母的心情记录在这页吧！

扫码看制作示范

第11月

宝宝出生

第46周

宝宝的表现

/ 对观察到的表现打钩 /

对简单的问题能用眼睛看，用动作做出回答

能初步理解简单词语的意思，经过提醒会喊爸爸、妈妈等

本周重要事项

/ 列出待办事项，完成后打钩 /

本周育儿感受

Mon 星期一
月　日

Tue 星期二
月　日

养育关注点

/ 列出待办事项，完成后打钩 /

/ 补充 /

- 可以用芹菜、胡萝卜、肉糜、大米给宝宝制作菜粥。
- 和宝宝玩“听音乐敲小鼓”游戏，让宝宝感受不同乐器的敲打声音，引发愉悦感。
- 适度使用宝宝式的语言，更易和宝宝交流。
- 不主张让 2 岁以下的宝宝看电视。

Wed 星期三 月 日	Thu 星期四 月 日	Fri 星期五 月 日	Sat 星期六 月 日	Sun 星期日 月 日

第11月

本周生活

菜粥的制作

菜粥可以让宝宝尝试更多的蔬菜，而蔬菜中的纤维能促进宝宝肠胃的蠕动。

菜粥的制作要荤素搭配，鲜香开胃，让宝宝喜欢食物既而愉快进餐。

原料：芹菜、胡萝卜、肉糜、大米；调料：盐、香油。

（1）芹菜用开水烫过后剁碎；胡萝卜洗净、切碎，烫熟待用；粥熬好。

（2）将肉泥炒熟，盛出备用。

（3）将芹菜碎、胡萝卜碎、肉糜连同粥一起放入锅中拌匀，加入少许盐和香油即可。

本周游戏

听音乐敲小鼓

（1）为宝宝准备各种小乐器，如一对碰铃、小鼓等。

（2）敲打乐器，提示宝宝仔细聆听，如对宝宝说“叮叮，声音高高的”或“咚咚，声音低低的”。

（3）选取《小星星》或其他宝宝喜欢的音乐，和宝宝一起跟着音乐分别用小鼓和碰铃敲打。每次乐器碰到一起时发出的声音会让宝宝感到满足。

（4）随乐敲击时，尽量少说话，让宝宝仔细聆听乐曲和敲击伴奏声。如果家里没有现成的乐器，可以在瓶子里装入沙子或豆子自制小乐器。

本周问答

1. 用宝宝式的语言即儿化语言和宝宝说话，好不好？

适度使用儿化语言有一定益处：更容易和宝宝交流；有利于增加宝宝的词汇量；儿化语言重点突出了名词和动词；有利于宝宝将物体或动作和词汇联系起来。

2. 宝宝看电视要注意什么？

不主张让2岁以下的宝宝看电视。如无法避免，请注意以下几点：

（1）忌时间过长，一次不宜超过20分钟，且要有家长陪伴。

（2）忌距离过近。

（3）忌音量过高。

（4）忌光线过暗。

（5）忌饭后即看。

（6）忌边吃边看。

（7）忌看武打凶杀的内容。

（8）忌躺着看。

（9）忌在宝宝卧室放电视机。

宝宝出生

第47周

宝宝的表现

/ 对观察到的表现打钩 /

会"表演"摇头、装怪样、再见、笑脸等"本领"

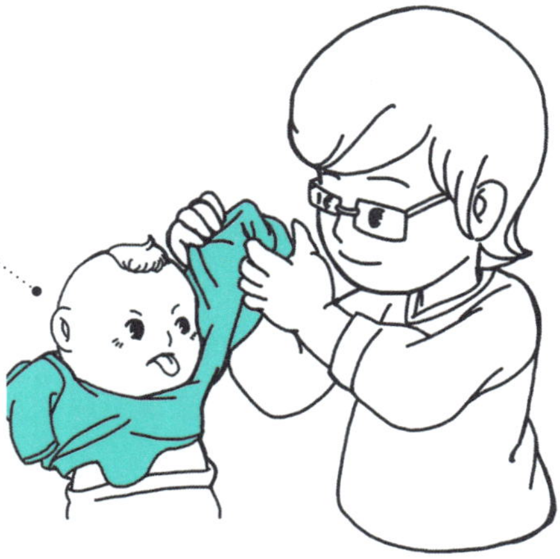

本周重要事项

/ 列出待办事项，完成后打钩 /

本周育儿感受

Mon 星期一
月　日

Tue 星期二
月　日

养育关注点

/ 列出待办事项，完成后打钩 /

/ 补充 /

- 尽量少用“别那么做”等否定句，而是告诉宝宝能做什么。
- 做好外出前的准备，帮助宝宝理解并配合外出前的活动。
- 给 1 岁左右的宝宝提供适宜的玩具。

Wed 星期三 月　日	Thu 星期四 月　日	Fri 星期五 月　日	Sat 星期六 月　日	Sun 星期日 月　日

第 11 月

本周生活

对宝宝说“不”的技巧

尽量少用“别碰它”或“别那么做”等简单、空洞语言去阻止和否定宝宝的行为，应多用指向明确、具体的语言描述事件因果。如：

（1）当宝宝淘气抓茶杯玩时，家长可取过茶杯说：“茶杯是宝宝喝水的，宝宝不能玩茶杯，宝宝可以和妈妈玩球。”

（2）当宝宝摔倒哭闹时，家长可以说：“宝宝摔倒了，有点痛，妈妈扶你起来，下次要当心哦，这里有个小台阶。”这比只是简单地说“宝宝不哭了”更能安抚宝宝的情绪，让宝宝学习和成长。

（3）当宝宝出现不当行为时，清楚地告诉宝宝能做什么和不能做什么，如：“不能在客厅里扔球，咱们到外边去玩球吧。”

（4）当必须让宝宝立刻停止行动以保证宝宝的安全时，可用更直接的方式警告宝宝，如：“危险！”“烫！”

本周游戏

外出前的准备也好玩

（1）外出前，为宝宝做一系列的准备，包括物品准备、穿衣穿鞋等，可以对宝宝说：“宝宝，我们要去公园了，妈妈为你准备小背包，放上要用的物品，然后我们要穿衣服和鞋子。”

（2）做这些事时，鼓励宝宝给予配合，可以对宝宝说：“宝宝，我们要穿鞋子了，穿好，我们就可以下楼了，先把这只小脚给妈妈。”

（3）一边准备，一边和宝宝指指、说说、看看。

本周问答

应给 1 岁左右的宝宝提供哪些适宜的玩具?

（1）因果关系比较直接的玩具，如拨浪鼓等。

（2）有声响的玩具。

（3）图片书或布书。

（4）有容积概念的玩具，如套圈或套杯。

（5）可拖拉或能扶着走路的玩具。

（6）动物玩偶、娃娃等。

宝宝出生

第48周

宝宝的表现

/ 对观察到的表现打钩 /

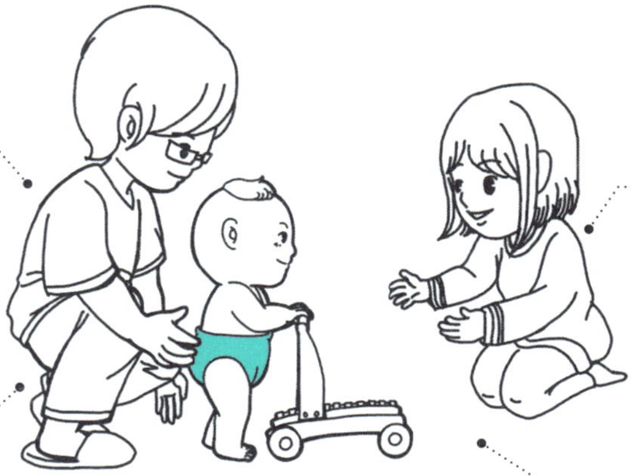

能尝试性地爬到一些矮的家具上

可能开始会走路了，尽管不太稳，但对走路的兴趣却很浓

可以站起、坐下

能扶着物体弯腰去捡东西

本周重要事项

/ 列出待办事项，完成后打钩 /

本周育儿感受

Mon 星期一
月 日

Tue 星期二
月 日

养育关注点

/ 列出待办事项，完成后打钩 /

/ 补充 /

- 安全使用婴儿推车。
- 让宝宝推圆凳练习行走，增强腿部力量及方向感。
- 从宝宝力所能及的事情中培养宝宝的自理能力，如整理玩具、用勺吃饭等。

Wec 星期三 月 日	Thu 星期四 月 日	Fri 星期五 月 日	Sat 星期六 月 日	Sun 星期日 月 日

第12月

本周生活

安全使用婴儿推车的六点建议

小推车是家庭常备的外出工具，应做好安全检查防止意外发生。

（1）使用前进行安全检查，如车内的螺母是否松动等。

（2）宝宝坐车时，为宝宝系好腰部安全带，锁好两侧滑轮。

（3）不要在沙坑地或泥水地推车。

（4）推车后，仔细查看保险装置是否锁上。

（5）最好安上制动装置。

（6）遮阳篷选择透明开窗的设计，以便随时探视宝宝的状况。

除了以上几点之外，还要注意不能把宝宝单独留在车上，避免丢失。

本周游戏

扫码看演示

推圆凳行走

（1）为宝宝准备一个高矮适中、不易翻倒的小圆凳或蒲团等，和宝宝一起推着走，同时说：“宝贝，我们要当小司机喽。”

（2）开始时，在宝宝后面帮宝宝把控小车的车速和方向，对宝宝说：“我们开到公园去好不好？转弯喽。”

（3）当宝宝推得比较稳时，可以在宝宝前方放置一个小皮球，对宝宝说：“宝宝，我们去拿那个小皮球吧。”

在户外，可以让宝宝推着自己的手推车玩这个游戏练习行走技能。

备注：圆形的凳子有利于宝宝控制行走的方向，等宝宝有些方向感后，可换成椅子或大纸箱等物品。

本周问答

如何培养宝宝简单的自理能力?

可以从宝宝力所能及的事情中培养宝宝的自理能力，如:

（1）整理玩具：布置专门摆放玩具的区域，引导宝宝收放。

（2）鼓励宝宝使用勺子吃饭，用杯子喝水，自己拿东西吃。

（3）让宝宝吃、睡、便规律化，鼓励宝宝学着控制大便。

宝宝最喜欢的

宝宝开始有了自己的喜好，把宝宝喜欢的东西罗列在这页吧，

例如：食物、玩具、动画片、音乐等！

扫码看制作示范

宝宝出生

第49周

宝宝的表现

/ 对观察到的表现打钩 /

喜欢将抽屉或垃圾箱倒空

喜欢将东西摆好后再推倒

本周重要事项

/ 列出待办事项，完成后打钩 /

本周育儿感受

Mon 星期一 月　日	Tue 星期二 月　日

养育关注点

/ 列出待办事项，完成后打钩 /

/ 补充 /

- ○ 安排一日三餐两点，点心时间不能距离正餐太近。
- ○ 让宝宝玩米或沙，发展宝宝手部动作及对里外空间的探索能力。
- ○ 注意宝宝离乳期的心理健康，让宝宝知道即使离乳了，妈妈依然很爱宝宝。

Wed 星期三 月 日	Thu 星期四 月 日	Fri 星期五 月 日	Sat 星期六 月 日	Sun 星期日 月 日

第12月

本周生活

安排一日三餐及点心

宝宝快1岁了，饮食结构和进餐的时间基本和成人相同了，应根据宝宝的进食量合理安排进餐的时间。可以搭配水果和点心让宝宝的食物更丰富。

注意以下几点：

（1）为宝宝安排三餐两点，点心时间不能距离正餐太近。

（2）蔬菜加工成细碎软烂的菜末拌在饭里给宝宝喂食。建议每天蔬菜100克、水果50克。

（3）让宝宝适量摄入动植物蛋白。可炖汤或用肉末、鱼丸、豆腐、鸡蛋羹等容易消化的食物喂宝宝。建议每天肉类40~50克、豆制品25~50克、鸡蛋1个。

（4）母乳仍是优质的营养食物，建议每天给宝宝母乳或配方奶600~700毫米。

（5）给宝宝的正餐需粗细搭配，可提供软米饭、粥、小馒头、馄饨等，每日100克左右。

本周游戏

玩大米

（1）为宝宝准备一桶大米、一些简单的工具和容器，如勺子、小碗、瓶子等。

（2）观察宝宝的游戏玩法，让宝宝自由地摆弄大米和工具，感受大米的质地、工具的用途等。

（3）如果宝宝只是用手玩米，可以示范用勺子、碗玩大米，如用小碗舀大米轻轻洒落在宝宝手掌上，鼓励宝宝模仿使用工具："宝宝，试试用勺子舀大米，你能把勺子里的大米放进妈妈的碗里吗？"

（4）提示：游戏时，成人需在宝宝身旁陪护注意安全。也可为宝宝提供较干净的黄沙让宝宝舀、倒。

本周问答

如何注意宝宝离乳期的心理健康?

母乳仍是宝宝最好乳类来源，可喂母乳至两岁，若实在无法坚持才考虑离乳。离乳期间应明确地告知宝宝离乳计划；坚定地拒绝宝宝的母乳需要，让宝宝更明白离乳这件事；根据宝宝的适应情况和母乳量选择断奶方法；使用更多表达爱的方式，如拥抱宝宝、和宝宝一起共读图画书、带着宝宝游戏等，让宝宝知道即使离乳了，妈妈依然很爱宝宝。

宝宝出生

第50周

宝宝的表现

/ 对观察到的表现打钩 /

- 虽然此时说话较少，但有些宝宝能用几个单词表达自己的愿望和要求
- 可以识别许多熟悉的人、地点和物体的名字

本周重要事项

/ 列出待办事项，完成后打钩 /

本周育儿感受

Mon 星期一 月 日	Tue 星期二 月 日

养育关注点

/ 列出待办事项，完成后打钩 /

/ 补充 /

- 让宝宝多喝水、均衡饮食、少食多餐，防止宝宝肥胖。
- 和宝宝共读图画书《一步一步，走啊走》，增强阅读理解能力。
- 宝宝语言发展有快慢，面对面说话等互动可以促进宝宝的语言发展。

Wed 星期三 月 日	Thu 星期四 月 日	Fri 星期五 月 日	Sat 星期六 月 日	Sun 星期日 月 日

第12月

本周生活

防止宝宝肥胖

遵循宝宝进餐的规律，当宝宝已经吃饱，就不要再喂食。不能因为自己觉得宝宝没有吃饱而额外给宝宝增加食物，应根据科学的时间安排让宝宝正常进食。

在医院测评中超重的宝宝可以根据以下几点来尝试改善情况：

（1）在喂养问题上，父母、祖辈的意见、做法要统一。

（2）让宝宝适当喝水，不喝饮料。

（3）均衡宝宝的饮食，吃肉同时也要吃蔬菜。挑食的宝宝可以在蔬菜的制作上更新花样，用色、香、味来吸引宝宝吃。

（4）不要让宝宝暴饮暴食，应少食多餐。按照三餐两点的安排喂养宝宝。

（5）增加宝宝的运动量，消耗脂肪。

本周游戏

共读图画书《一步一步，走啊走》（或类似书）

（1）在每天的亲子共读时间，为正处于学步期的宝宝读图画书《一步一步，走啊走》。

（2）阅读时，按照图画书上的文字，把“喔—唷，喔—唷”这样的文字用力地读出来。

（3）经常读这个故事，说不定宝宝会自己站起来，蹒跚着走上一圈。可以用书中的语言陪宝宝学走或鼓励宝宝模仿书中小动物的动作。

本周问答

宝宝还不会叫人怎么办？

语言的发展有快有慢，个人差异较大。可以尝试以下的做法促进宝宝语言发展：

（1）尽量以清晰的声音，主动和宝宝说话，把语言和动作结合起来表达。

（2）要蹲下来，和宝宝面对面地说话，这才能给宝宝模仿发音说话的机会。

（3）随时随地有耐心地与宝宝说话，不管自己有多忙。话题尽量与宝宝的生活经验或兴趣相结合，尽量与宝宝谈生活中、身边能见到的事情。

（4）每天抽时间给宝宝念故事。

（5）不断地扩展宝宝的生活范围或经验，可带宝宝去各种公共场所，以丰富宝宝的感官经验。

（6）应仔细、耐心倾听宝宝的表达，不能有丝毫的不耐烦。

宝宝出生

第 51 周

宝宝的表现

/ 对观察到的表现打钩 /

自我意识增强了，开始坚持要自己吃饭、自己拿杯子喝水

逐渐知道所有的东西不仅有名字，而且也有不同的功用

看见家长打电话时，可能会模仿打电话的动作

本周重要事项

/ 列出待办事项，完成后打钩 /

本周育儿感受

Mon 星期一
月 日

Tue 星期二
月 日

养育关注点

/ 列出待办事项，完成后打钩 /

/ 补充 /

- 让宝宝坚持固定的生活作息及上床睡觉时间，养成良好的睡眠习惯。
- 外出散步时和宝宝玩“听声音找朋友”游戏，帮助宝宝练习辨音、指认动物。
- 多让宝宝接触大自然，引导宝宝用各种感官认识事物。

Wed 星期三 月 日	Thu 星期四 月 日	Fri 星期五 月 日	Sat 星期六 月 日	Sun 星期日 月 日

第12月

本周生活

四招让宝宝养成良好的睡眠习惯

（1）遵从一套每晚例行的睡前程序，保持洗脸、刷牙、去洗手间等活动的顺序不变。可以对宝宝说："宝宝，我们要睡觉了。我们来洗脸刷牙吧。"

（2）晚饭后，不要让宝宝做剧烈运动，可以让他看画册、做安静的游戏。例如，用餐后带着宝宝离开餐椅，同时告诉宝宝："宝宝，我们一起来玩积木吧。"

（3）坚持固定的睡觉时间可以让宝宝养成良好的生活习惯，家长不能因为自己事情没有做完就随便更改宝宝的睡眠时间。

（4）培养宝宝自己躺在枕头上入睡的习惯，此时家长要陪伴在宝宝身边，但不要过多地讲话。

本周游戏

听声音找朋友

（1）散步时，看到小区里狗或猫等宠物，指给宝宝观察："宝宝，快看，小猫。""那个叔叔牵了一只小狗。"

（2）和宝宝说说动物的叫声，如："小猫怎么叫？喵喵。"

（3）模仿动物的声音，让宝宝指指是哪个动物在叫，如："喵喵，宝宝，这是哪个动物在叫？小手指指。"

（4）和宝宝一起听听动物的叫声或者询问动物的主人，以此来判断指认是否正确。若指认对了，应及时鼓励宝宝。

本周问答

如何让宝宝接触自然?

（1）和宝宝观看自然界的事物时，用言语提示宝宝注意不同的对象，描述对象在色彩和形状等方面的特征。

（2）引导宝宝用各种感官来认识事物。如，可以摘一片叶子，揉碎后让宝宝闻闻气味，让宝宝用小手轻轻触碰不同的物品，感受“石头是硬的、冷的”等。

（3）把大自然带回家，如时常在家里布置一些新鲜花束、种植绿色植物，或养几尾金鱼。

宝宝出生

第52周

自检表

/ 对观察到的表现打钩 /

宝宝快满 1 岁了，请为他作个阶段性测试吧！

如果他大部分符合以下表现，那可得恭喜您！

- ○ 会用杯子喝水

- ○ 能用拇指、食指精确抓起细小物品

- ○ 能够用手势表示想要的东西，而不总是用笑声表达需要

独立推物行走

会把球扔给别人

弯腰向下并站起来时不跌倒

可以理解一些简单的指令

如果宝宝 1 岁时完全符合以下表现，建议进一步咨询专业人员：

- 不能独站
- 不能用手指准确抓物
- 不能发出“咿咿呀呀”的声音
- 不能区分家人与陌生人

宝 宝 0~1 岁
生长曲线记录

1. 记录什么?

(1) 按年龄记录身长: 身长是反映孩子长期营养状况的一个重要指标。如果孩子长期营养不良，可能会表现出身长增长缓慢。

(2) 按年龄记录体重：是评估孩子营养状况的重要指标。

(3) 按身长记录体重：有助于确定一个孩子目前的营养状况。这是衡量孩子是否消瘦或肥胖的关键指标。能反映儿童体格发育是否匀称。

2. 如何测量?

(1) 家庭身长测量方法：在宝宝卧位（平躺）时测量。

(2) 家庭体重测量方法: 如果没有婴儿秤，可用成年人的站秤来测量。首先称出成人的重量，然后让同一个成人抱着孩子称重。算出两次重量的差值，这就是婴儿的重量。

(3) 注意事项:

- 定期的、相对固定的时间进行测量
- 统一的测量条件，包括饭前便后、穿内衣裤等。冬季测量时，须去除外衣裤的重量。
- 使用同一个秤或尺子来测量

3. 如何记录与解读?

通过长期的定期测量，将连续获得的不同时间点的宝宝的体重和身高值标点在生长标准曲线上，并连接形成生长曲线，不仅可以用来判断宝宝的生长水平，同时还能判断宝宝的生长速度和长期生长趋势。

现在推荐使用的是世界卫生组织（WHO）的儿童生长标准值，这个生长发育曲线是根据母乳喂养的婴儿为基础进行绘制。

儿童体重和身长在标准值z评分的-2~+2之间均为正常，z评分在-1~+1之间则为良好。

	如何记录	如何解读
按年龄记录身长	在生长曲线图上画点时，在图表下方找到代表宝宝月龄的标记。顺着线向上直到对应宝宝身长的那条水平线。在交点位置，用笔做一个明显的记号。	按年龄记录身长时，数据在 -2z 评分线以下，就被认为是生长迟缓。如果在 2 岁以前进行营养干预，生长迟缓的宝宝也许能恢复失去的生长潜能。
按年龄记录体重	在生长曲线图上画点时，在图表下方找到代表宝宝月龄的标记。顺着线向上直到对应宝宝体重的那条水平线。在交点位置，用笔做一个明显的记号。	按年龄测体重时，数据在 -2 z 评分线以下，则被认为是体重不足；-3 z 评分线上的某个点表示严重的体重不足或营养不良，意味着宝宝需要特别的照顾。
按身长记录体重	在生长曲线图上画点时，在图表下方找到代表宝宝身长的标记。顺着线向上直到对应宝宝体重的那条水平线。在交点位置，用笔做一个明显的记号。	按体重测身长时，数据在 -2z 评分线以下的宝宝被认为是消瘦；数据在 +2 z 评分线以上的宝宝被认为是超重，而且可能有患儿童肥胖症的风险。

/ 内容来源：OrphanNutrition.org /

/ 男孩身长 – 年龄生长曲线记录 /

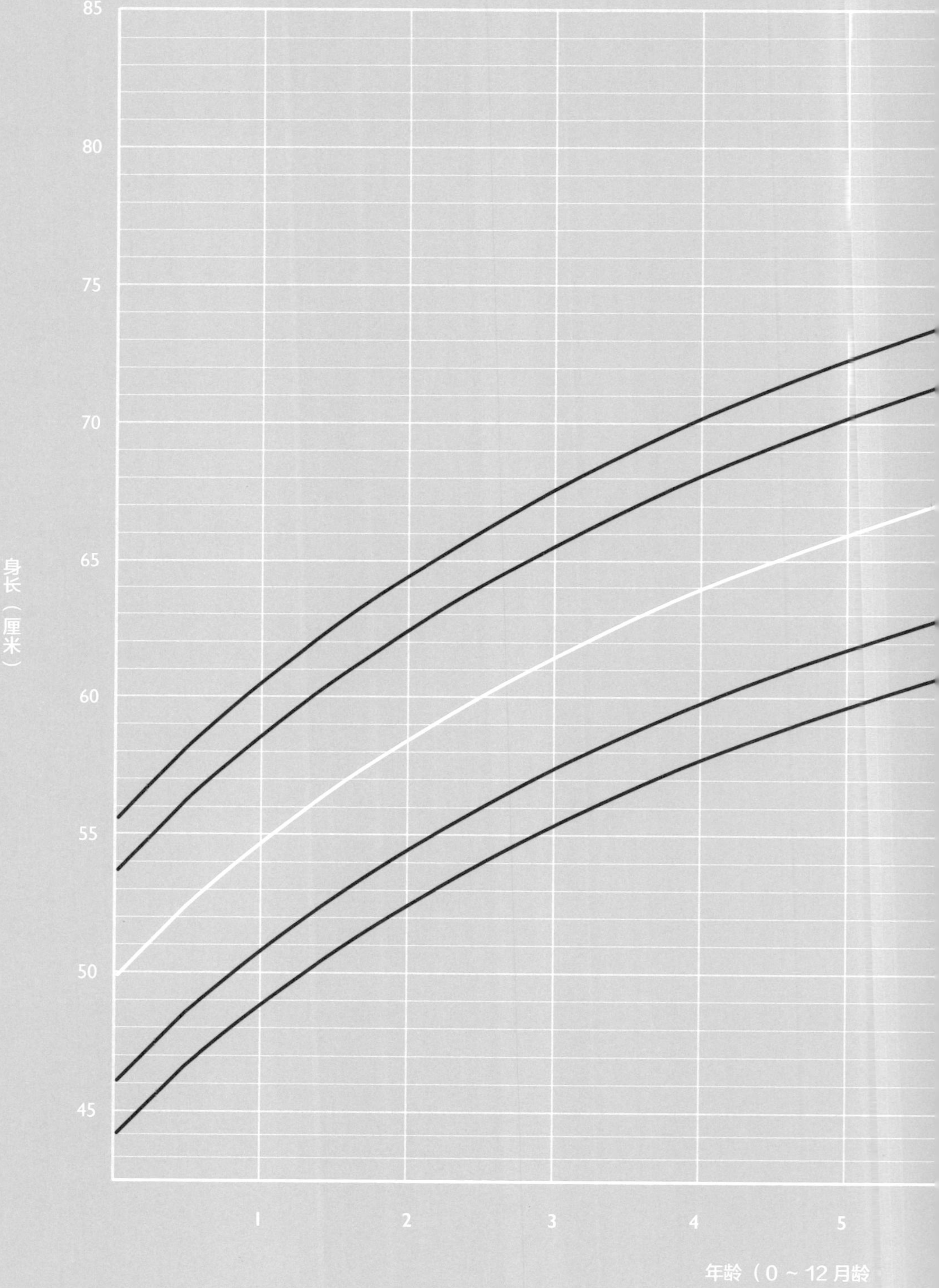

/ 图表来源：World Health Organization /

/ 男孩体重 – 年龄生长曲线记录 /

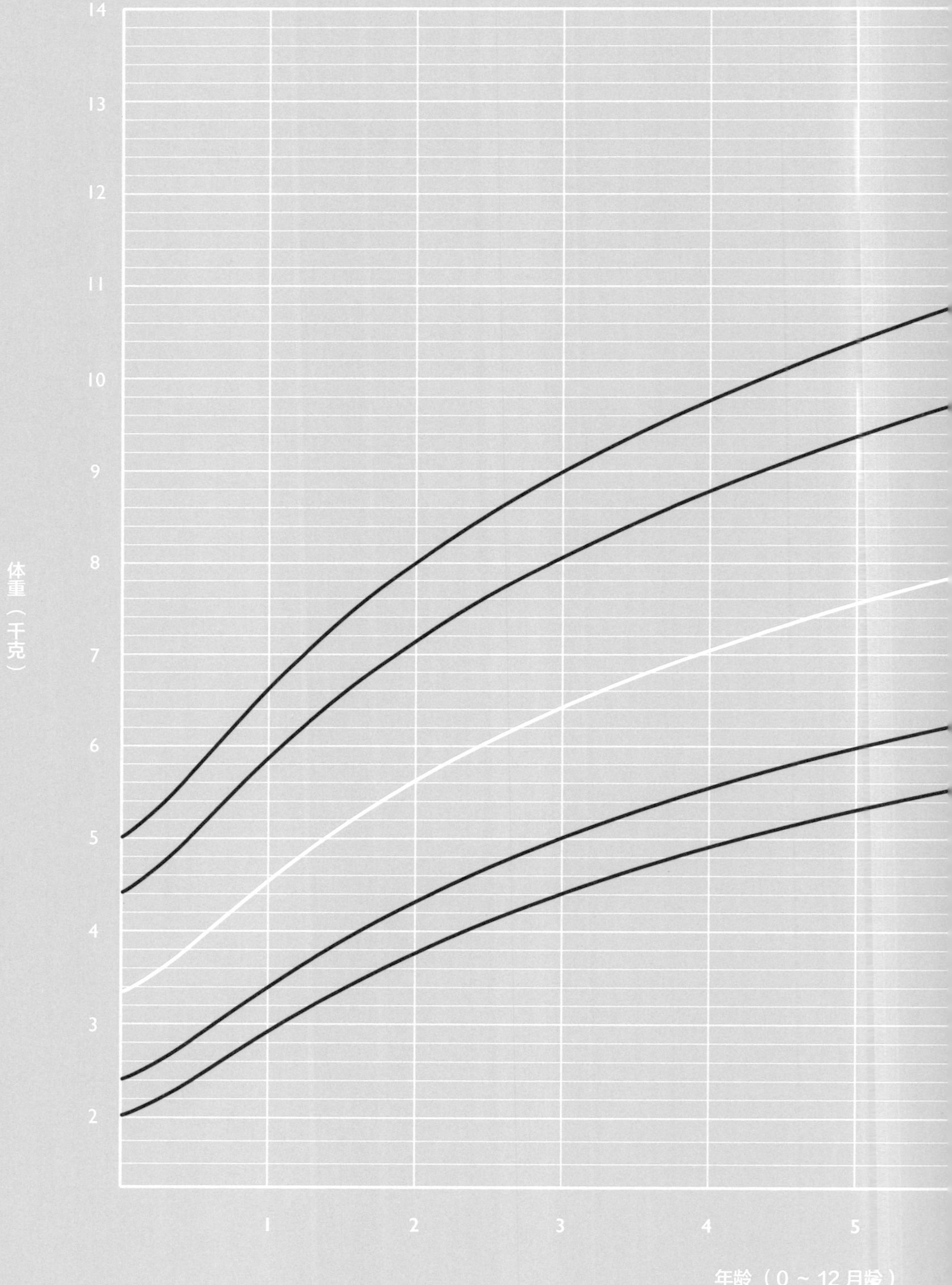

/ 图表来源：World Health Organization /

/ 男孩体重 – 身长生长曲线记录 /

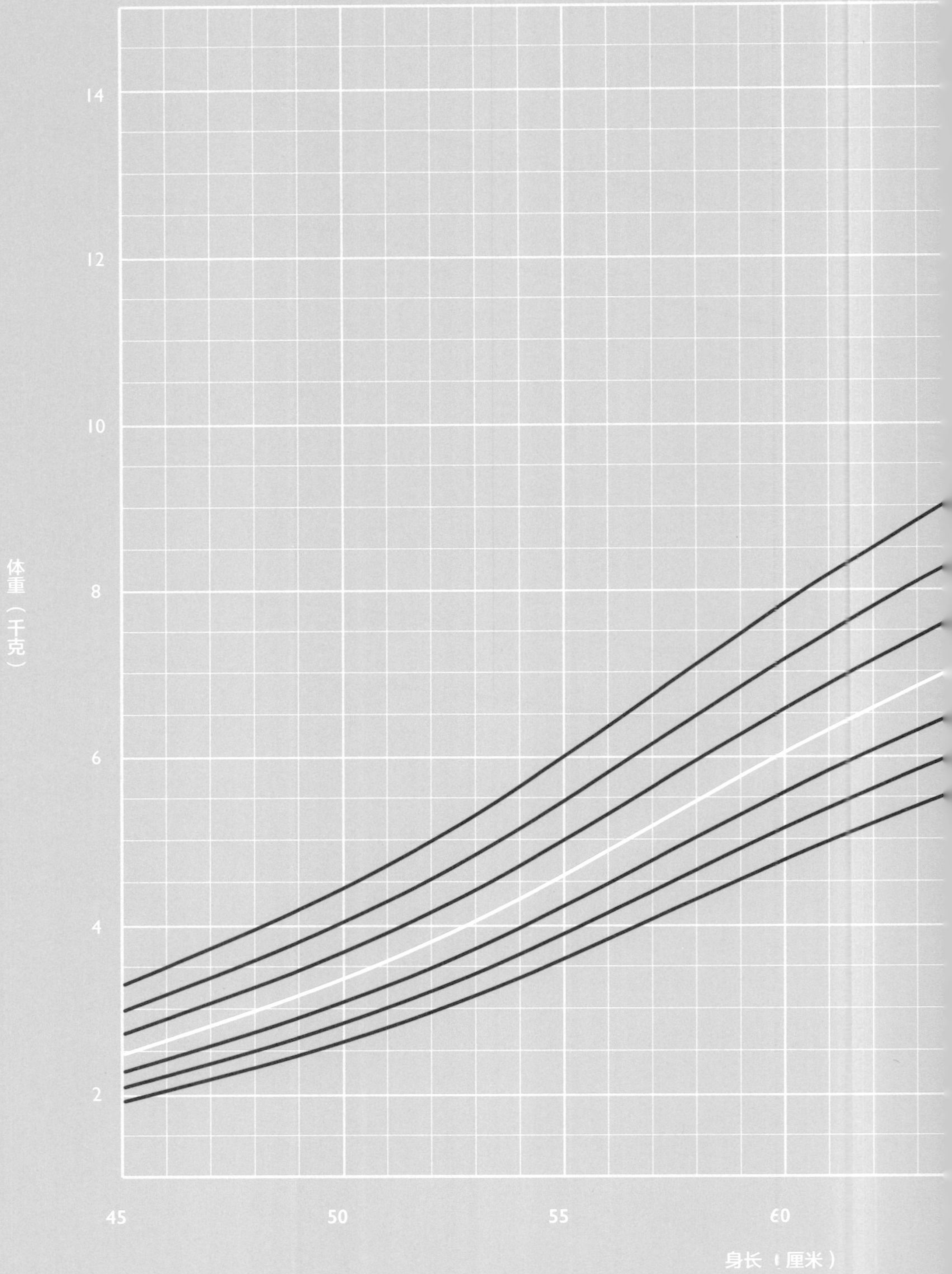

/图表来源：World Health Organization/

/ 女孩身长－年龄生长曲线记录 /

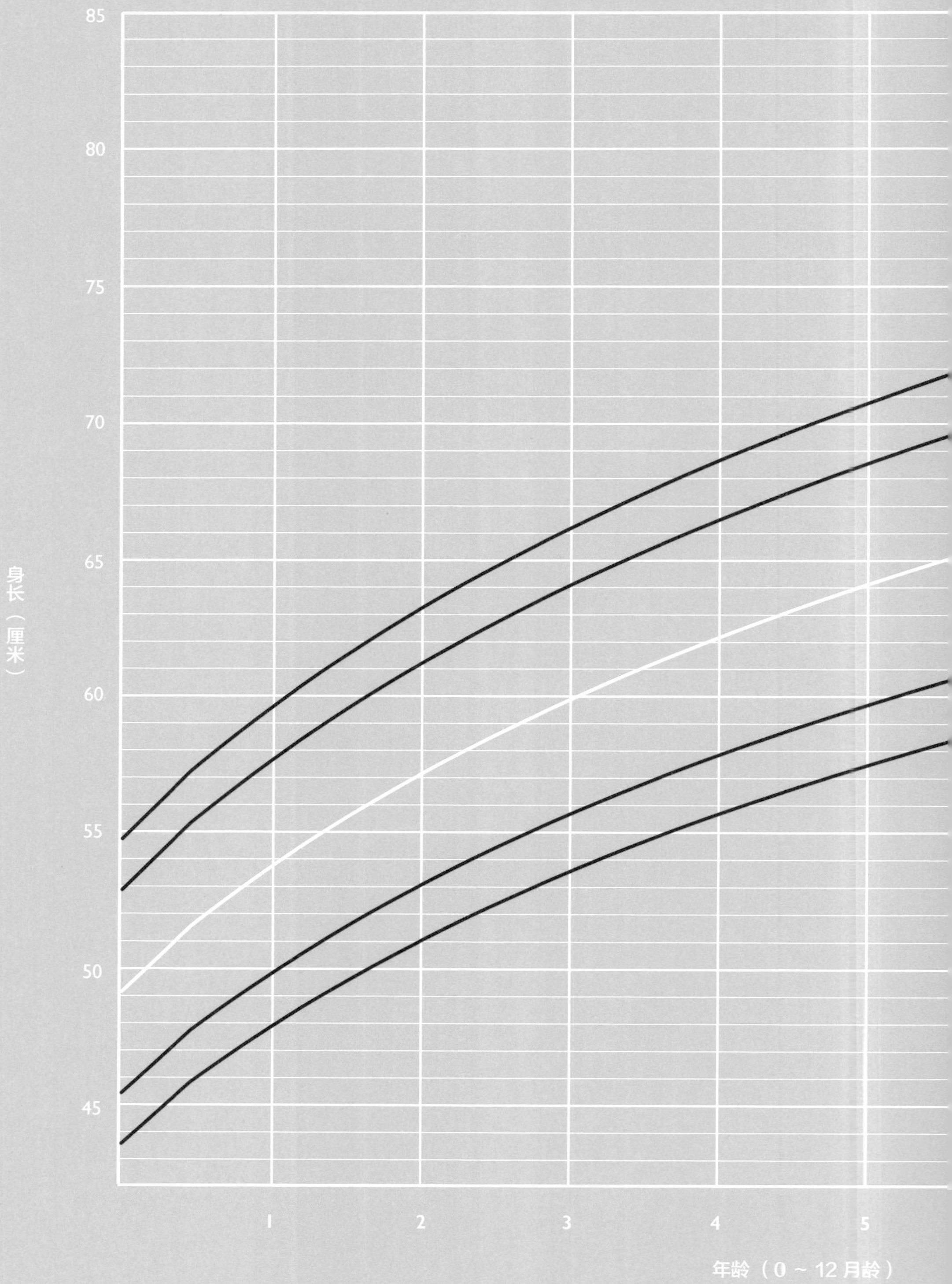

/ 图表来源：World Health Organization /

/ 女孩体重 – 年龄生长曲线记录 /

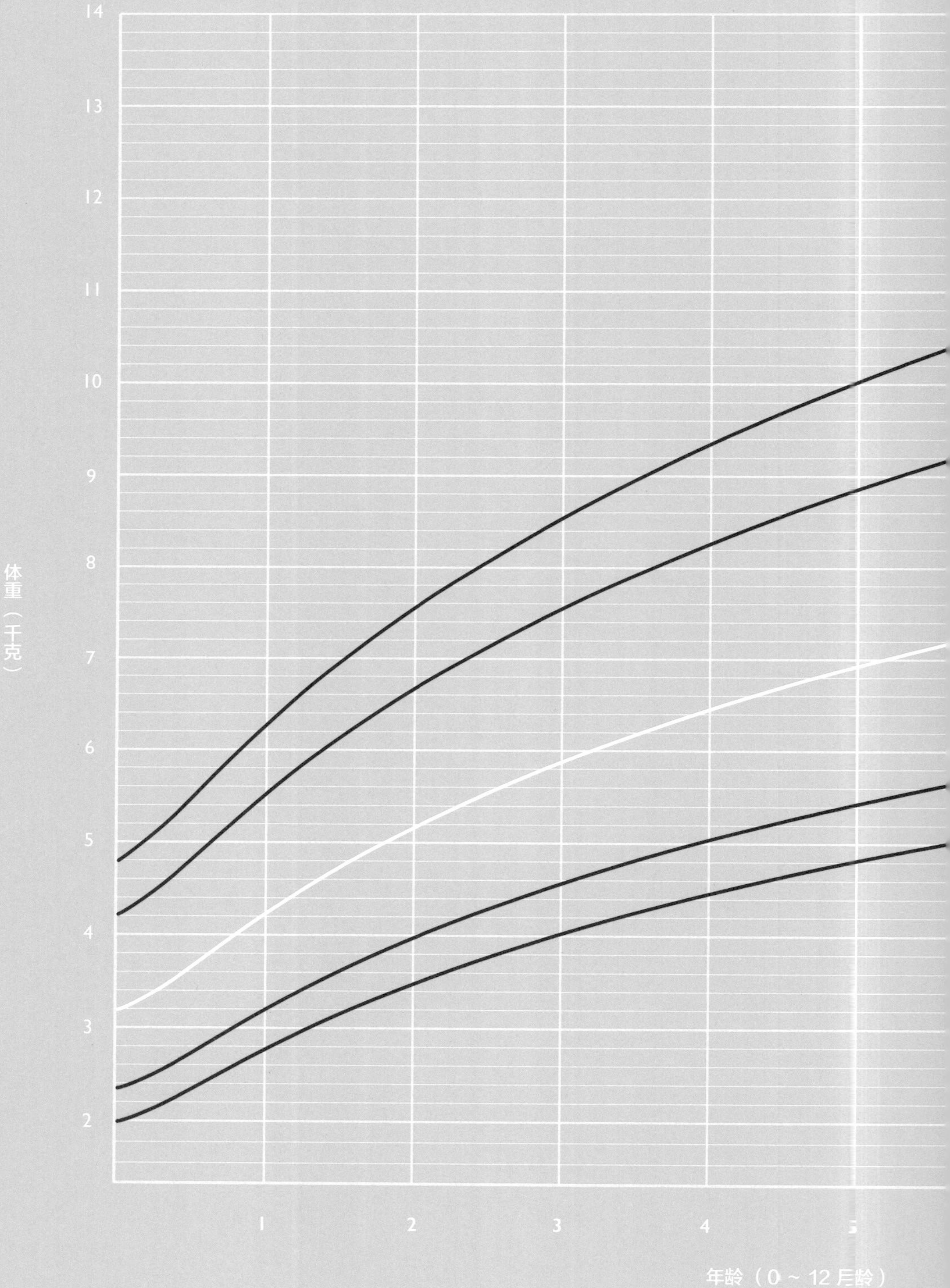

/图表来源：World Health Organization/

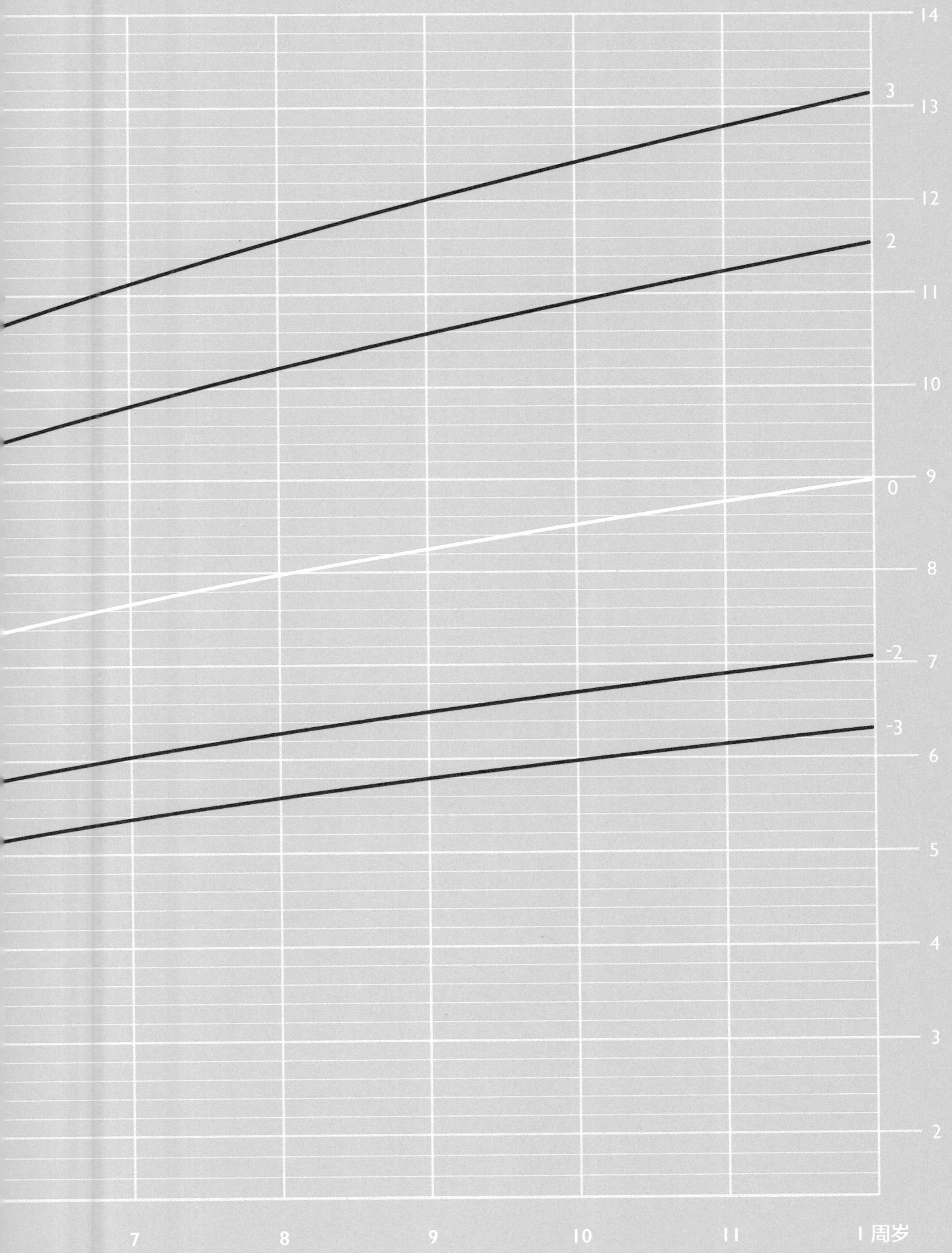

/ 女孩体重 – 身长生长曲线记录 /

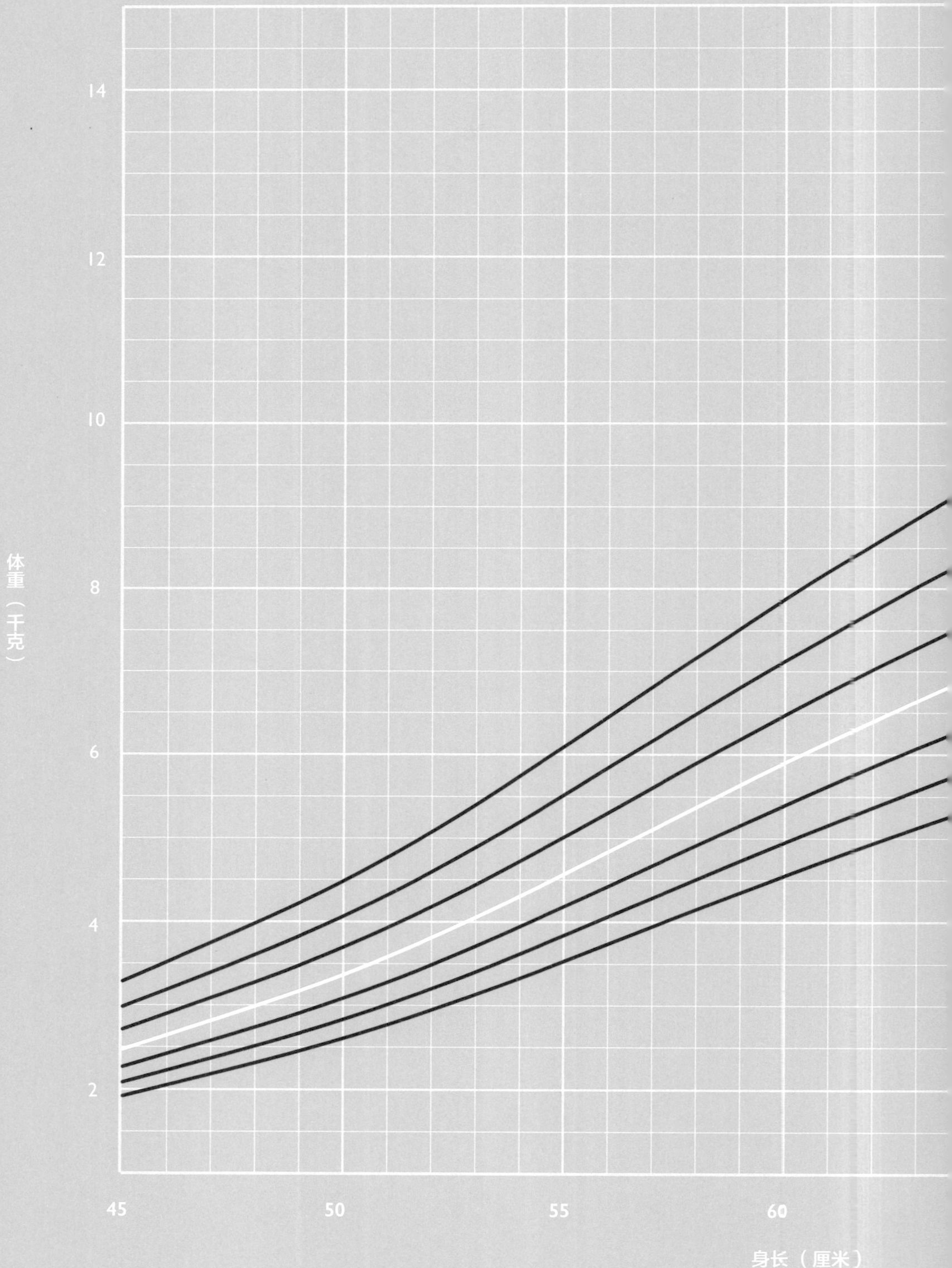

/ 图表来源：World Health Organization /

宝宝 1 岁了

宝宝第一次过生日！哪些人参加了生日派对，宝宝又收到了什么礼物？

把生日派对的照片贴在这页吧！

扫码看制作示范

索引

图书在版编目（CIP）数据

育儿周周记 . 0~1 岁 / 茅红美等主编 . -- 上海 : 华东师范大学出版社 , 2017
ISBN 978-7-5675-6323-0

Ⅰ. ① 育… Ⅱ. ① 茅… Ⅲ. ① 婴幼儿 – 哺育 Ⅳ. ① TS976.31

中国版本图书馆 CIP 数据核字 (2017) 第 066450 号

育儿周周记（0~1 岁）
主　　编　茅红美 等
策划编辑　沈　岚
审读编辑　陈　麦
责任校对　胡　静
插　　画　王晓耘
整体设计　奇文雲海 Chival IDEA

出版发行　华东师范大学出版社
社　　址　上海市中山北路 3663 号　　邮　　编　200062
网　　址　www.ecnupress.com.cn
电　　话　21-60821666　　行政传真　021-62572105
客服电话　021-62865537　　门市（邮购）电话　021-62869887
地　　址　上海市中山北路 3663 号华东师范大学校内先锋路口
网　　店　http://hdsdcbs.tmall.com

印 刷 者　上海雅昌艺术印刷有限公司
开　　本　787 × 1092　16 开
印　　张　18.5
字　　数　267 千字
版　　次　2019 年 5 月第 1 版
印　　次　2019 年 5 月第 1 次
书　　号　ISBN 978-7-5675-6323-0/G · 10260
定　　价　128.00 元

出 版 人　王 焰